U0790238

科学出版社“十三五”普通高等教育本科规划教材

核电子学实验

周　荣　王忠海　编著

科学出版社

北　京

内 容 简 介

本书是为了适应我国核电与核技术应用迅猛发展的良好势头，结合四川大学多年核电子学实验课程教学经验而编写的最新核电子学实验教材. 全书共 12 个实验，前 9 个实验为基础实验，后 3 个实验为开放实验. 附录部分总结了实验中容易遇到的问题、实验中需要用到的课外知识以及实验所用到电路的完整电路原理图.

本书可作为高等院校核专业本科生的核电子学实验教材，也可作为核专业研究院校核电子学人才培养的参考书.

图书在版编目(CIP)数据

核电子学实验/周荣，王忠海编著. —北京：科学出版社，2016.8
科学出版社“十三五”普通高等教育本科规划教材
ISBN 978-7-03-049103-9

Ⅰ. ①核… Ⅱ. ①周… ②王… Ⅲ. ①核电子学－实验－高等学校－教学参考资料 Ⅳ. ①O571.1

中国版本图书馆 CIP 数据核字(2016)第 142252 号

责任编辑：昌 盛 罗 吉 / 责任校对：邹慧卿
责任印制：张 伟 / 封面设计：迷底书装

科学出版社 出版
北京东黄城根北街 16 号
邮政编码：100717
http://www.sciencep.com
北京凌奇印刷有限责任公司印刷
科学出版社发行 各地新华书店经销
*
2016 年 8 月第 一 版 开本：720 × 1000 1/16
2024 年 6 月第十次印刷 印张：6 1/2
字数：131 000

定价：24.00 元

(如有印装质量问题，我社负责调换)

前　　言

自从人类开始发展和利用核科技以来，核科学与技术就与国家安全息息相关．随着民用核技术的兴起，核技术逐渐发展成为一个重要的高新技术领域，在工农业生产、医疗、公共安全、检验检疫、大科学工程等方面得到了极为广泛的应用．

我国的核事业从零起步，在中苏论战及冷战时期取得了辉煌的成就，成功研制了原子弹、氢弹和核潜艇，建立了完整的核工业体系．在经历了改革开放初期和冷战结束后短暂的低谷期后，随着国家在能源、国防、环境、医疗卫生以及基础科学研究等方面的大力投入，我国的核事业迅速迎来了第二次大力发展时期．

党的二十大报告明确指出：教育、科技、人才是全面建设社会主义现代化国家的基础性、战略性支撑．核专业是事关国家安全、人民健康、绿色能源、空间技术的国家战略急需专业．国家的迅速发展对核专业人才的培养规模和质量提出了新的需求．据教育部高等学校核工程类教学指导委员会统计，目前我国开设有核专业的高校总数已经超过 50 家．

作为工程类专业，实验教学是不可或缺的关键环节．尤其是“互联网+教育”的模式下慕课的兴起，更是突出了实验教学在高校教育功能中的重要地位．令人遗憾的是，目前国内普遍缺乏适用于核专业教育新形势下的实验教材及实验仪器．四川大学作为国家最早开设核专业的高校之一，近 60 年来一直重视实验课程建设工作，积累了较为丰富的实验课程建设及实验教学经验．针对国内核专业大力发展的需求，在学校和各兄弟院校的支持下，以核电子学实验为突破口，潜心开发了专门用于教学实验的仪器设备，编写了相关实验教材．经过 4 年多在四川大学及其他兄弟高校的试用，取得了不错的效果．因此，我们经过努力促成了这一教材的正式出版，希望能够惠及更多高校．

本书的内容主要分为三个部分：基础实验、综合实验和附录．其中基础实验包含了九个章节的实验内容．实验零为准备实验，主要让学生复习如何使用任意信号发生器和示波器；实验一到实验八分别对应核电子学电路的八个主要功能单元，训练学生掌握最基本的核电子学电路单元．综合实验包含三个章节的实验内容（符合测量系统搭建实验，时间测量系统搭建实验和能谱测量系统搭建实验），分别对应核电子学中三种常用的测量系统，培养学生站在系统的高度来认识核电子学的能力．附录包含实验用到的测试信号介绍，任意信号发生器和示波器使用中常见问题列表，摘录的参考知识点，以及所有实验模块的完整电路原理图．

本书在编写时主要有以下几点创新：①设计了实验准备内容，让学生在充分准备的前提下才能开展动手实验，提高学生的实验成效；②实验内容的前两题为测试信号和电路初始化，限定了学生实验中所使用的测试信号，通过电路初始化，可以让学生实验的起点相同，同时可以判断实验设备是否处于正常的工作状态，避免因为仪器设备的问题耽误实验时间；③实验内容中设计了选做实验题目，为有兴趣的同学提供了更多的锻炼机会；④附录中设计了任意信号发生器和示波器使用中的常见问题，让学生在遇到问题时可以参考附录自主解决问题，同时可以节约老师的时间；⑤设计了统一的实验准备报告模板，原始数据记录单模板和实验报告模板，可以方便学生完成实验报告，并且可以统一报告格式，方便老师评阅．总而言之，本书在编写时总结了四川大学核电子学实验室多年教学的经验，这些经验很好地解决了目前各大高校普遍存在的学生多、老师少的问题；同时也很好地解决了新开设核电子学实验课程的高校师资和教学经验都相对较为缺乏的问题．

四川大学核工程与核技术实验室在本教材编写和试用期间，得到了第二炮兵工程大学、清华大学、吉林大学、西南大学、重庆大学、国防科技大学等兄弟高校宝贵的反馈意见，在此向他们深表谢意．

教育部高等学校核工程类教学指导委员会对本教材的出版和四川大学核专业实验教学给予了大力的关注和支持，在此向核专业教指委表示感谢．

本教材内容的编排和修订得到了四川大学核专业研究生和本科生张京隆、杨光、张驰、刘寅宇、王玉东、董春辉、刘怡文、胡兵、陈丰、姚玉华、熊浩、张湘、杨锋、周健欣、何劲风、吴科伟、张乐瑞、刘宝坤、王柏桦、李俊龙等同学的大力参与，一并向他们表示感谢．

由于时间和水平有限，本书不妥之处在所难免，欢迎读者随时批评指正．

编　者

2016 年 5 月于成都

2023 年 7 月修改

目　录

实验零

任意信号发生器与示波器的使用

一、实验目的

（1）了解任意信号发生器和示波器的工作原理.

（2）掌握任意信号发生器和示波器的基本功能与调节技巧.

（3）了解任意信号发生器和示波器使用中的常见问题.

二、实验准备

（1）以下给出了任意信号发生器输出一个特定信号所需要的基本操作，请给出你认为正确的操作顺序，并说明你的理由.

a．选择需要输出的信号波形.

b．设置信号波形参数.

c．选择输出通道.

d．打开通道的输出开关.

（2）请问要使得任意信号发生器输出正确的信号波形，需要设置的信号波形参数有哪些？

（3）以下给出了用示波器观测信号所需要的基本操作，请给出你认为正确的操作步骤，并说明你的理由.

a．选择观测通道，打开通道开关.

b．设置垂直幅度轴单位.

c．设置水平时间轴单位.

d．设置通道参数.

e. 设置触发模式和触发阈值.

(4) 请问示波器的带宽、采样率和有效位数分别指的是什么？有什么意义？

三、实验原理

3.1 任意信号发生器

任意信号发生器主要由外部端口、存储器、FPGA、DAC 和信号调制电路组成. 其简化结构框图如图 0-1 所示.

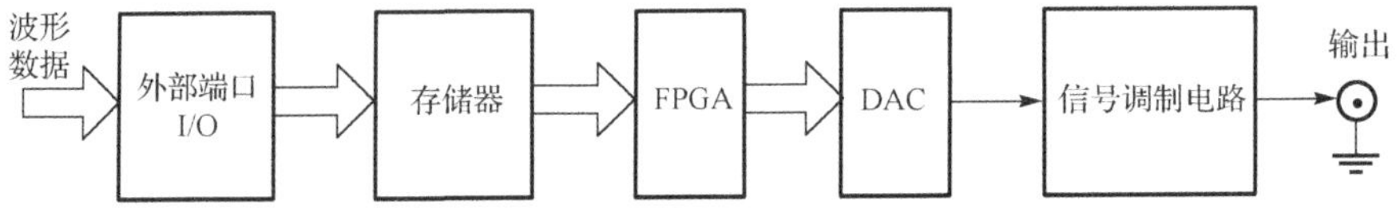

图 0-1 任意信号发生器结构框图

外部端口：通常包括 RS232、USB 和网口等. 波形数据以通过外部端口传输到任意信号发生器内部存储器中.

存储器：主要用于存储从外部输入的波形数据，以及任意信号发生器厂商内置的多种基本波形的数据.

FPGA：是任意信号发生器的控制器. 它通过用户的操作指令从存储器中读取相应的波形数据. 然后调节信号的频率、相位和延时等参数. 最后将调整后的波形数据发送给 DAC.

DAC：将波形数据转换成模拟信号.

信号调制电路：由于 DAC 输出的模拟信号存在一些缺点，例如，信号较窄时，信号不够平滑等. 信号调制电路根据用户的操作指令对 DAC 输出信号的幅度进行缩放. 另外信号调制电路还有一定的滤波作用，可以使信号变得更加平滑.

3.2 示波器

示波器主要由信号调制电路、ADC、触发电路、FPGA、存储器和显示器组成. 其结构框图如图 0-2 所示.

信号调制电路：主要对输入信号的幅度进行缩放，以满足 ADC 的输入动态范围. 并且对输入信号进行低通滤波，这也是示波器的一个重要参数（带宽）.

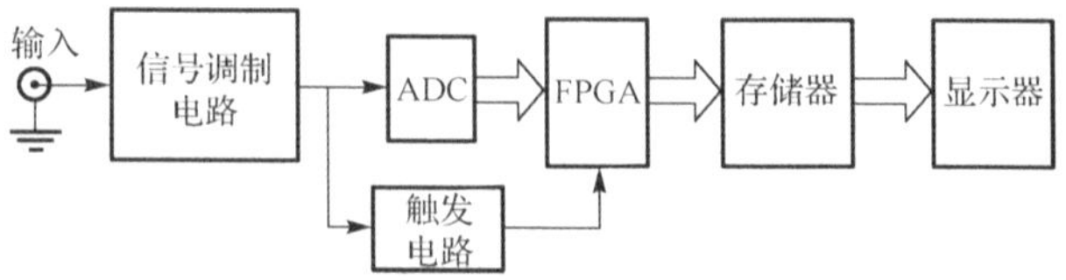

图 0-2　示波器结构框图

ADC：将输入的模拟信号转换成数字信号. ADC 的采样频率和有效位数都是示波器的重要参数.

触发电路：根据用户的设置挑选出用户感兴趣的信号波形，并通知 FPGA.

FPGA：根据触发结果，从 ADC 输出的波形数据中挑选出用户感兴趣的波形数据，并将其发送到存储器中.

存储器：存储信号波形数据.

显示器：从存储器中读取信号波形数据，并将其显示出来.

四、实验装置

（1）DS1204B 示波器一台.

（2）DG4072 任意信号发生器一台.

五、注意事项

该部分的实验内容针对普源（RIGOL）公司生产的 DG4072 任意信号发生器和 DS1204B 示波器所设计[1]. 实验的主要内容是训练学生使用任意信号发生器产生后面章节实验课程中需要用到的两种信号波形和使用示波器观测信号波形. 因为不同厂商和不同型号的仪器调节的方法和需要设置的参数可能有所不同，所以如果使用其他型号的任意信号发生器和示波器，请根据实际使用仪器修改以下实验内容后再开始实验.

六、实验内容

（1）输出方波信号. 使用信号发生器产生频率 100 kHz、低电平 0 mV、高电平 100 mV，占空比为 20%，脉冲周期为 10 ms 的 Square 波，请按以下步骤操作生成该方波信号.

a．打开任意信号发生器电源后，按下 CH1 键．

b．按下 Square 键．

c．在键盘上输入 100，按下 kHz 单位键．

d．点击“幅度/高电平”按键，选中高电平，在键盘上输入 100，按下 mV 单位键．

e．点击“偏移/低电平”键，选中低电平，输入 0，按下 mV 单位键．

f．单击占空比键，输入 20，按下%单位键．

g．按下 Burst 键，选择脉冲周期，将其设置为 10 ms．

h．单击 Output1 键，使 Output1 键高亮．

将任意信号发生器输出信号通过同轴电缆输入示波器的 CH2 通道．请按以下步骤操作示波器：

a．打开电源，按下 CH2 按键，使其高亮．设置屏幕左边的菜单栏，使其中的每一个选项与以下表格一致，关闭菜单栏．

耦合	带宽限制	探头	挡位调节	反向	单位
直流	关闭	×1	粗调	关闭	V

b．按下 Run/Stop 键，使其为绿色点亮．

c．旋动 CH2 垂直标尺旋钮，使显示屏上的每个垂直格子所代表的幅度为 50 mV．

d．旋动水平标尺按钮，使屏幕上每一个水平方格代表的时间宽度为 1 μs．

e．点击 TRIGGER 菜单的 MENU 键，将屏幕右侧的菜单栏设置到与以下表格一致，关闭菜单栏．

触发模式	信源选择	边沿类型	触发模式
边沿触发	CH2	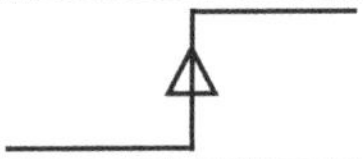	自动

f．按下 MODE 键，选择到 normal 点亮．

g．旋动 LEVEL，使触发阈值为 50 mV．

h．按下 storage 键，将屏幕右侧的菜单栏设置到与以下表格一致．

存储类型	参数保存
PNG 存储	打开

插上 U 盘，点击外部存储→新建文件→保存．请在原始数据单中画出示波器屏幕中的信号波形，在实验报告中粘贴保存的 PNG 图像．

（2）示波器参数设置．

a．调节 CH2 幅度标尺旋钮，使每一个垂直方格代表 100 mV．调节水平标尺旋钮，使每一个水平方格代表 2 μs．保存此时的信号波形图．

b．按下 CH2 按键，将显示屏右侧的菜单栏中的耦合方式设置为交流，保存信号波形图．

c．将探头选项设置为×10，保存信号波形图，并查看显示屏上的参数变化．

（3）请按照实验内容（1），使用任意信号发生器的 CH1 通道输出频率为 1 MHz，低电平为 0 V，高电平为 1.5 V，脉冲周期为 10 ms 的 Gauss 波形，并用示波器的 CH1 对该信号进行观测，保存信号波形图．

提示：Gauss 波形的产生步骤为 Arb→菜单翻页→选择波形→内建波形→数学→Gauss→选择．再按下 Arb，设置波形参数．请自行设置示波器垂直标尺和水平标尺．

（4）产生两个相对延迟为 500 ns 的 Gauss 信号．请按照以下步骤进行操作：

a．以实验内容（3）的输出信号为基础，按下 CH1⇌CH2，并按下 Output2，使其处于高亮状态，CH2 输出信号．

b．用示波器的 CH2 通道观测任意信号发生器 CH2 通道输出信号，测量信号的幅度，保存信号波形．

请查看示波器 CH2 的参数设置，找出信号幅度大于 1.5 V 的原因，并将参数设置正确，保存信号波形．

c．将任意信号发生器的 CH1 和 CH2 分别与示波器 CH1 和 CH2 相连，用示波器同时观察两个信号通道．

d．单击任意信号发生器 CH1 按钮使其高亮，单击 Arb，单击菜单栏中的同相位，使两个信号重合．单击 Burst 按键，使其处于高亮状态，在菜单栏中下翻页找到延时选项，根据设置延时时间 500 ns，保存波形图像．

七、思　考　题

（1）查找资料简述三种耦合方式（直流、交流和接地）的工作原理，理解三种耦合方式下示波器显示波形不同的原因．

（2）请问示波器的主要触发模式有哪几种？它们之间的区别是什么？

实验一

电荷灵敏前置放大器

一、实验目的

（1）掌握电荷灵敏前置放大器的功能.

（2）掌握电荷灵敏前置放大器的工作原理.

（3）了解电荷灵敏前置放大器的性能指标.

二、实验准备

（1）为什么半导体探测器输出端需要连接电荷灵敏前置放大器？

（2）给出以下放大器电路的输出电压 U_o 与输入电压 U_i 之间的关系（输入信号为方波，脉宽为 t，且 R_3 非常大）.

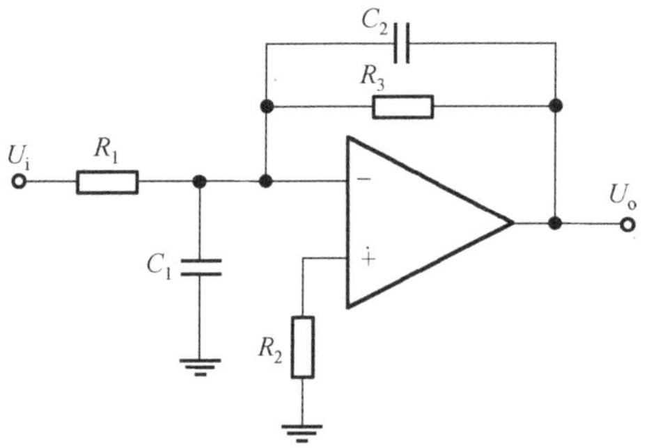

放大器电路 I

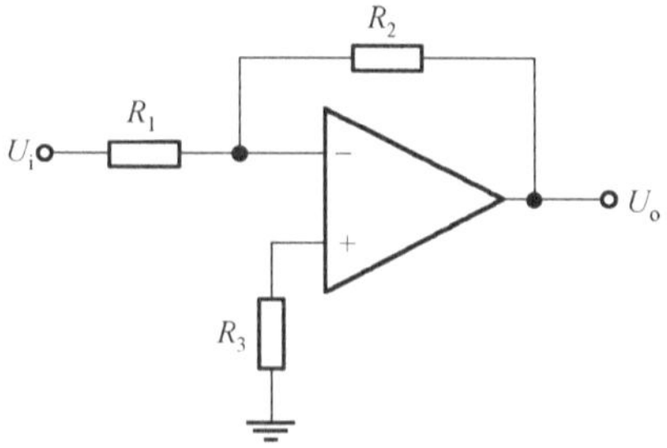

放大器电路 II

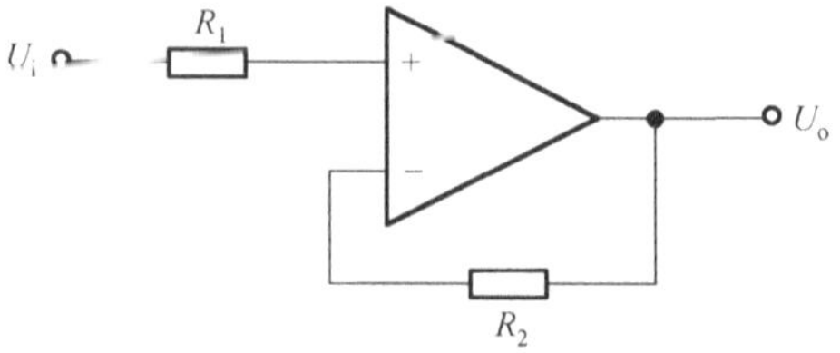

放大器电路III

（3）什么是电荷灵敏度？

三、实验原理

前置放大器实验模块主要由 3 级放大器电路组成，其结构框图如图 1-1 所示，简化电路原理图如图 1-2 所示．前置放大器实验模块的完整电路原理图请参考附录十．

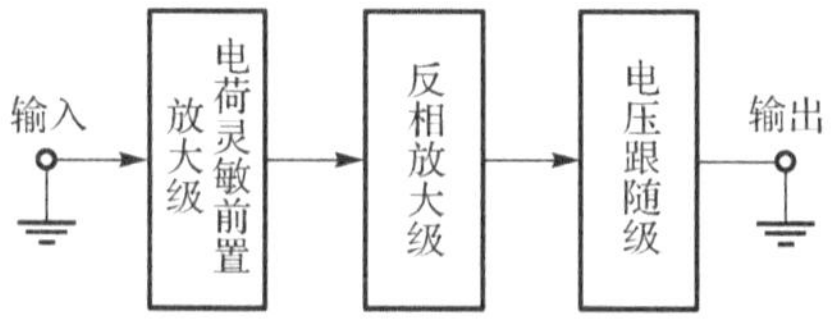

图 1-1　前置放大器实验模块结构框图

实验中采用任意信号发生器输出方波信号来模拟半导体探测器的输出信号，接入前置放大器实验模块的 IN 端口．但是半导体探测器输出信号为电荷信号（电流），而任意信号发生器输出为电压信号．所以电压信号在进入电荷灵敏放大级之前，先经过一个 100 kΩ 的电阻转换为电荷信号（电流）．那么进入电荷灵敏放大级的电荷总量 Q 可以通过电压信号的脉宽、幅度和 100 kΩ 转换电阻计算得到．

在电荷灵敏前置放大级之前，电荷信号先经过一组电容 $C_1 \sim C_4$．实验中通过 SW_1 可以选择接入电容的容值来模拟半导体探测器结电容的变化．

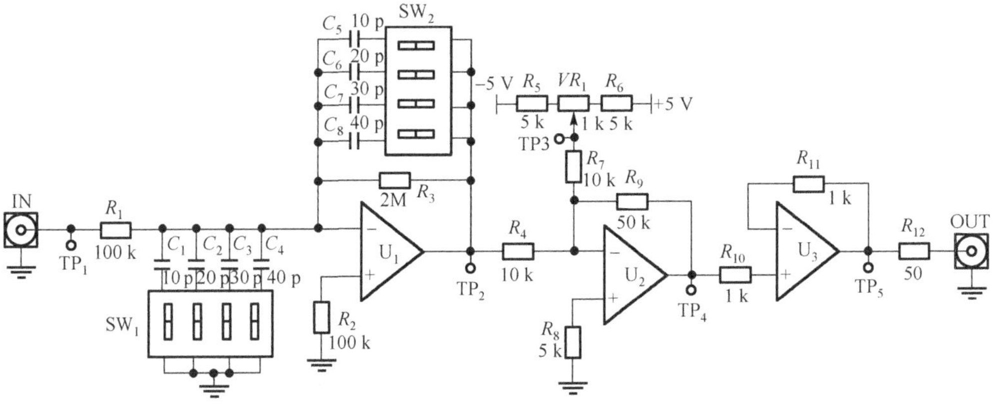

图 1-2 前置放大器实验模块简化电路原理图

第一级为电荷灵敏前置放大级，是由具有低噪声性能的结型场效应管作为输入级的高速运算放大器，在反馈回路中接入放电电阻 R_3（2 MΩ）和积分电容 C_5～C_8（10～40 pF）. 根据电荷灵敏放大器的工作原理，电荷灵敏前置放大级的输出为负脉冲电压信号. 信号幅度为 Q/C_f，Q 为输入电荷总量，C_f 为接入的反馈积分电容 C_5～C_8.

第二级为增益为−5 的反相放大级. 第一级输出的负脉冲电压信号经过第二级后变为正脉冲，并且幅度增大为原来的 5 倍. 增大输出信号幅度，提高信号的抗干扰能力.

第三级是增益为 1 的同向电压跟随级，以增强电路的带负载能力.

四、实验装置

（1）母板实验箱一台.

（2）前置放大器实验模块一块.

（3）DS1204B 示波器一台.

（4）DG4072 任意信号发生器一台.

五、注意事项

（1）电路工作时，实验模块不可带电插拔，实验结束后必须断开电源.

（2）使用探头时轻拿轻放，不得将探头放置于接电的实验箱之上.

（3）实验中要求记录波形的操作中均需以 PNG 格式存储示波器波形图，要求在原始数据记录单上记录相关波形，注意标注横轴纵轴的单位，并由实验指导老师检查签字.

六、实验内容

1. 测试信号

使用信号发生器产生 Square 波，信号频率 100 kHz，低电平为 0 mV，高电平为 100 mV，占空比为 20%，将脉冲周期设置为 10 ms. 记录并保存波形，实验中根据提示修改测试信号的各项参数，测试信号波形如图 1-3 所示.

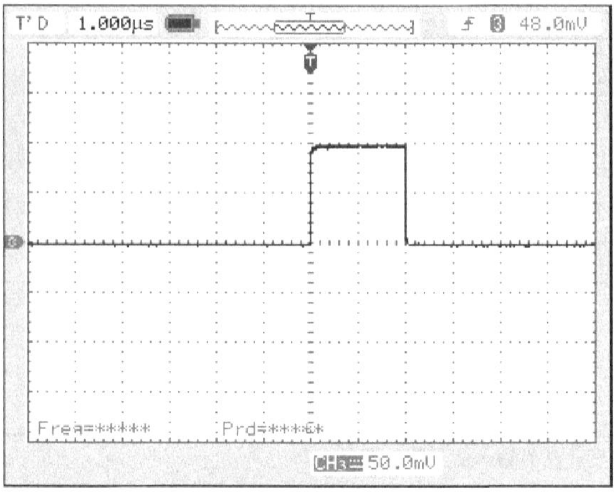

图 1-3 测试信号 Square 波

2. 电路初始化

将测试信号接入前置放大器实验模块输入端 IN，分别打开拨码开关 SW_1 的第一位（10 pF）和拨码开关 SW_2 的第一位（10 pF），用示波器观测并记录输出端 OUT 的输出信号波形，调节 VR_1，使得输出信号基线为 0 mV.

3. 电路认识

在电路初始化的基础上，测量并记录 TP_1, TP_2, TP_4, TP_5 的输出信号幅度，完成以下两个表格（保留三位有效数字）.

测试点	TP_1	TP_2	TP_4	TP_5
信号幅度/mV				

电路放大级	电荷灵敏放大级	反相放大级	电压跟随级
实际放大倍数			
理论放大倍数			
功能描述			

4. 结电容对输出信号的影响

依次打开 SW_1 的四位开关，在电路中模拟加入不同的结电容，观测并记录电路输出信号波形和幅度的变化，完成下表（保留三位有效数字）.

结电容/pF	输出信号幅度/mV
10.0	
20.0	
30.0	
40.0	

5. 前置放大器电荷灵敏度的测量

依次打开 SW_2 的四位开关，在电路中接入不同的反馈电容，测出电荷灵敏前置放大级的电荷灵敏度（参考附录九），并与理论值进行比较，完成下表（保留三位有效数字）.

反馈电容 C_f/pF	理论电荷灵敏度$(1/C_f)$/pF^{-1}	实际电荷灵敏度(U/Q)/pF^{-1}	相对偏差
10.0			
20.0			
30.0			
40.0			

注：U 为 TP_2 处信号幅度，Q 为输入信号的电荷量

6.（选做）前置放大器积分非线性测量

理想的电荷灵敏前置放大器，当 C_f 固定时，其电荷灵敏度在一定范围内是一个常数. 在该前置放大器电路中，第一级电荷灵敏前置放大级的输出信号幅度与输入电荷量的关系在直角坐标系中是一条通过原点的直线. 由图 1-2 可知，由于后续两级电路均为线性电路，所以整个电路的输入信号与输出信号理论上呈线性关系. 请测量前置放大器的积分非线性（请参考附录三）.

七、思 考 题

（1）电荷灵敏前置放大器输出信号的上升时间和下降时间分别与什么有关系?

（2）请问电荷灵敏前置放大器电路中的反馈电阻的作用是什么?

实验二

主放大器

一、实验目的

（1）掌握主放大器的功能.

（2）掌握主放大器的工作原理（掌握基线自动恢复和偏移原理、极-零相消原理和微积分成形原理）.

（3）了解主放大器性能指标.

二、实验准备

（1）请给出主放大器的主要功能.

（2）请给出以下极-零相消电路的 τ_1 和 τ_2 两个时间常数表达式．并根据该电路图分析实验原理中简化电路原理图 2-2 的极-零相消微分电路的两个时间常数.

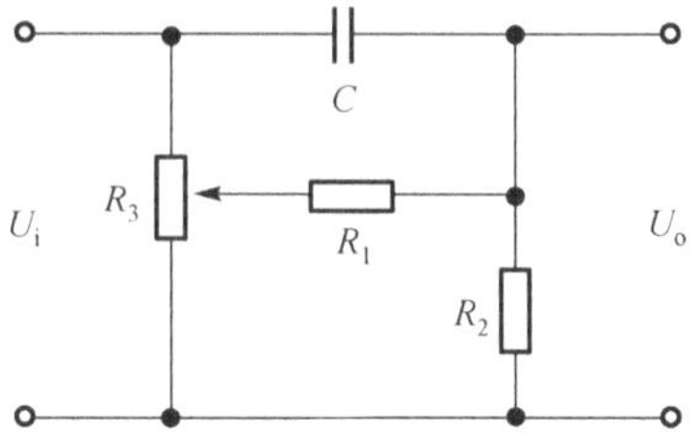

（3）请给出以下极性转换电路中单刀双掷开关拨向不同时输出信号 U_o 的表达式并根据输入信号画出输出信号波形.

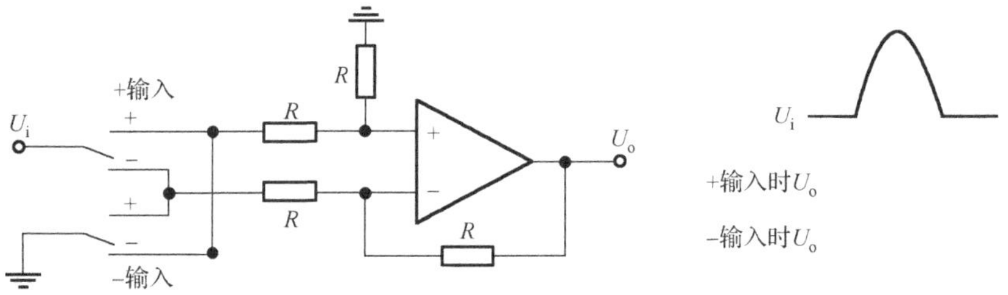

（4）计算以下电路的放大倍数范围，并写出计算表达式.

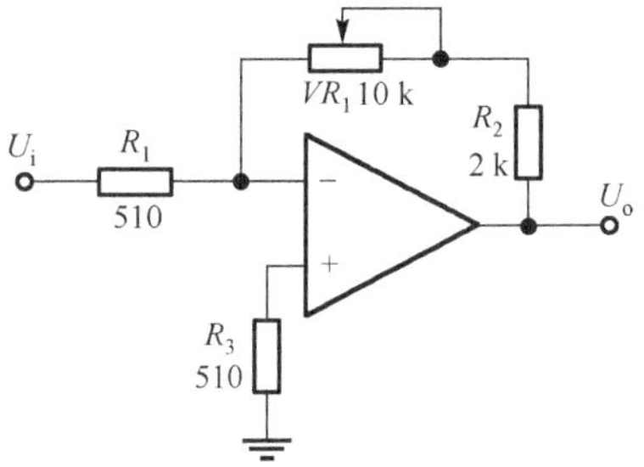

三、实验原理

主放大器实验模块具有极-零相消、微积分成形、线性放大和基线调节等功能.整个放大器主要由输入极性转换、极-零相消微分电路、四级放大电路、三级积分电路和基线调节电路组成,其结构框图如图 2-1 所示,其简化电路原理图如图 2-2 所示.主放大器实验模块的完整电路原理图请参考附录十一.

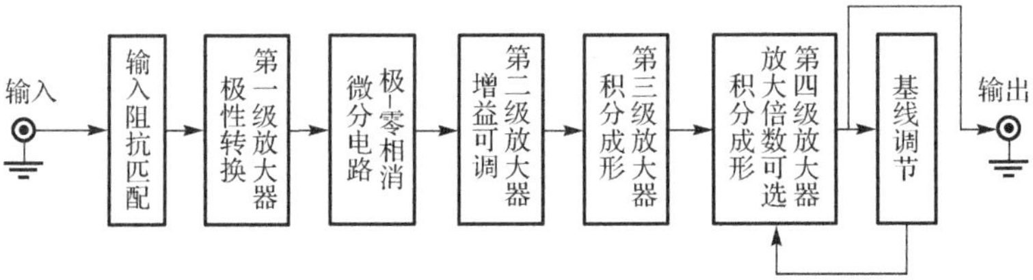

图 2-1　主放大器结构框图

第一级放大器极性转换：若输入为正极性信号，极性开关 SW_1 拨到下方，信号经 R_4 接到 U_1 的同相输入端；若输入为负极性信号，极性开关 SW_1 拨到上方，信号经 R_2 接到 U_1 的反相输入端.

极-零相消微分电路：由 $C_1 \sim C_4$、四位 DIP 开关 SW_3、电阻 VR_1、R_6 和 R_7 组成.微分时间常数为 $\frac{R_6R_7}{R_6+R_7}C_x(C_1 \sim C_4)$，极零补偿时间常数从 $R_6C_x(C_1 \sim C_4)$ 到$+\infty$[2]. 极-

零相消微分电路可以消除前置放大器输出信号长长的后沿，输出一个单极性相对较窄的信号.

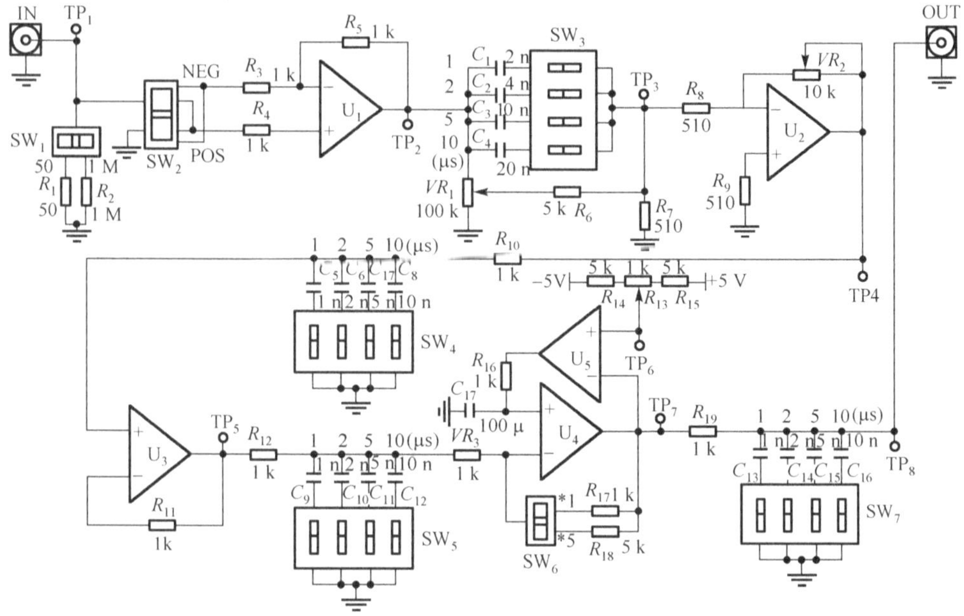

图 2-2　主放大器实验模块简化电路原理图

第二级可调增益放大器：放大倍数为 VR_2/R_7，放大倍数可由电位器 VR_2 调节.

第三级放大器积分成形：R_{10}、C_5～C_8 组成第一级积分电路，U_3 为电压跟随器，U_3 的输出经过 R_{12}、C_9～C_{12} 组成第二级 RC 积分电路.

第四级放大器积分成形：R_{13}、R_{19}、运算放大器 U_4 构成最后一级放大电路，放大倍数由开关 SW_7 控制，可选 1 倍或 5 倍；R_{19}、C_{13}～C_{16} 构成最后一级积分电路.

基线调节电路：为了保证输出信号具有稳定可调的直流电平，由运算放大器 U_4 与 U_5 构成负反馈基线恢复电路. 当输入信号的基线偏移时（比如 U_4 反相端产生负向偏移，则在输出端将产生正向偏移的输出. 将这个正向偏移输入 U_5 的负输入端使 U_5 输出负向偏移到 U_4 的同相输入端. 这样 U_4 的输出端将产生负向偏移从而达到稳定直流工作点的作用. 调节 VR_3 可改变放大器输出的直流电平值.

四、实验装置

（1）母板实验箱一台.

（2）主放大器实验模块、前置放大器实验模块各一块.

（3）DS1204B 示波器一台．

（4）DG4072 任意信号发生器一台；

五、注意事项

（1）电路工作时，实验模块不可带电插拔，实验结束后必须断开电源．

（2）使用探头时轻拿轻放，不得将探头放置于接电的实验箱之上．

（3）实验中要求记录波形的操作中均需以 PNG 格式存储示波器波形图，要求在原始数据记录单上记录相关波形，注意标注横轴纵轴的单位，并由实验指导老师检查签字．

六、实验内容

1．测试信号

使用信号发生器产生 Square 波，设置频率 100 kHz、低电平 0 mV、高电平 100 mV，占空比为 20%，将脉冲周期设置为 10 ms．记录并保存波形，实验中根据提示修改测试信号的各项参数，测试信号波形如图 2-3 所示．

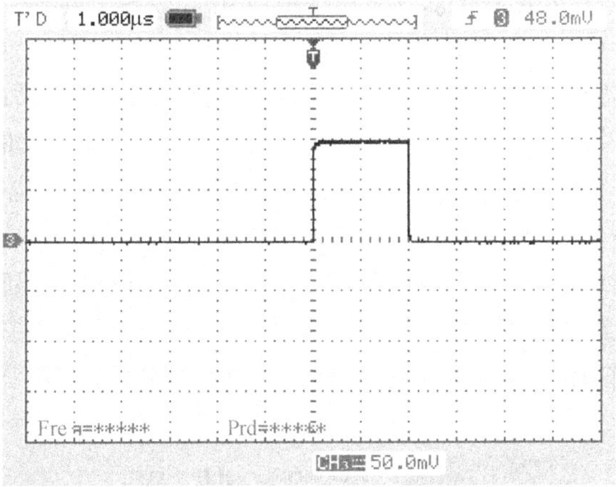

图 2-3　测试信号

2．电路初始化

将前置放大器、主放大器两个模块均接入母箱，将测试信号接入前置放大器实验模块输入端 IN，分别打开拨码开关 SW_1 的第一位（10 pF）和拨码开关 SW_2 的第一位（10 pF），用示波器观测并记录输出端 OUT 的输出信号波形，调节 VR_1，使得输出信号基线为 0 mV，将前置放大器实验模块的输出接入主放大器实验模块的输入端.

将主放大器实验模块上 SW_1 滑动开关拨到 50 Ω 端；SW_2 拨码开关拨到 POS 端；SW_3、SW_4、SW_5、SW_7 四个拨码开关第一位打开，其余断开；滑动变阻器 VR_2 逆时针旋转到底；将 SW_6 滑动开关拨到×5 端. 调节滑动变阻器 VR_3，使 TP_6 电压调到零. 将线性放大器实验模块 OUT 端接入示波器，记录并保存波形.

3. 极性转换

将极性开关置于 NEG 极，记录并保存主放大器实验模块的 TP_1 和 TP_2 信号波形. 将极性开关置于 POS 极，记录并保存 TP_2 信号波形，比较 TP_2 波形的变化.

4. 极-零相消

将 SW_3 拨码开关的第一位打开，将滑动变阻器 VR_1 逆时针旋转 4 圈，记录并保存 TP_3 处欠补偿的信号，将滑动变阻器 VR_1 顺时针旋转 4 圈，记录并保存 TP_3 处过补偿的信号，逆时针调节滑动变阻器 VR_1，使得 TP_3 处的信号实现正确的极-零相消（单极性信号），记录并保存正确补偿的输出信号波形图.

（选做）结合前置放大器选择的反馈电容值和反馈电阻值，理论分析是否 SW_3 拨码开关打开任意一位都可以通过调节 VR_1 实现极-零相消，请结合实验测试对理论分析进行验证.

5. 放大倍数刻度

完成正确的极零相消调节，用示波器探头测量 TP_3 信号幅度，调节 VR_2，依次测量不同 VR_2 刻度时 TP_4 处信号幅度完成下表（注意：轻轻地调节 VR_2，VR_2 调节范围有限，不能无限旋转）.

VR_2 刻度	0	1	2	3	4	5	6	7	8	9	10
TP_4 幅度/mV											
放大倍数											
TP_3 幅度/mV											

由于测试过程中 SW_3 与 VR_1 状态不发生变化且输入信号幅度不变，可以认为其对 TP_2 处信号幅度影响为一系数 K 不变，通过以上数据完成 VR_2 刻度值与放大倍数的刻度，并计算该级放大电路的积分非线性.

6.（选做）阻抗匹配

将前置放大器输出基线调节至−2 V，观察 50 Ω 与 1 MΩ 匹配的信号波形并分析为什么. 提示：前置放大器最后一级放大器的最大输出电流约为 10 mA.

七、思 考 题

（1）请问主放大器输出信号波形形状与微积分时间常数之间的关系；随着积分级数的增加，输出信号形状会发生什么样的变化？当我们需要在高计数率条件下使用主放大器时，应该如何调节？

（2）一般主放大器的主要技术指标有哪些？在能谱分析系统中所用的主放大器主要关注的指标有哪些，为什么？

（3）什么是阻抗匹配？实际应用过程中为什么要加入阻抗匹配？

实验三

单道脉冲幅度分析器

一、实验目的

（1）掌握单道脉冲幅度分析器的功能.

（2）掌握单道脉冲幅度分析器的工作原理.

（3）了解单道脉冲幅度分析器的性能指标.

二、实验准备

（1）单道脉冲幅度分析器的主要功能.

（2）如下图所示，当 1 点的电压为 1 V，2 点的电压为 2 V 时，请计算出上阈值 U_H 和下阈值 U_L，并给出计算表达式.

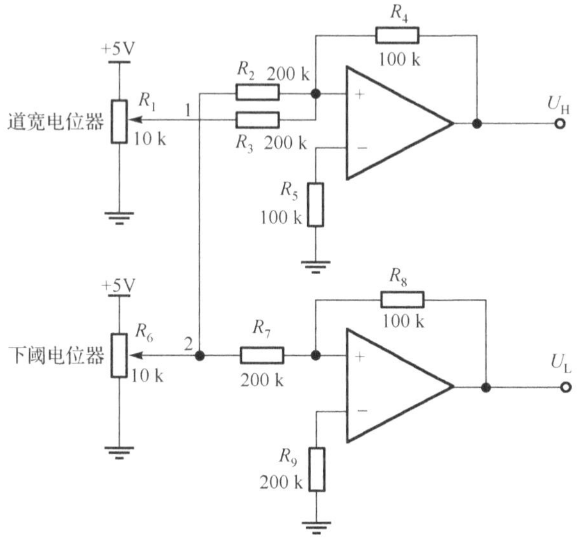

（3）给出下列两种比较器的输入输出关系图，给出两个比较器的滞回比，比较两种比较器的差别并给出第二种比较器的优点.

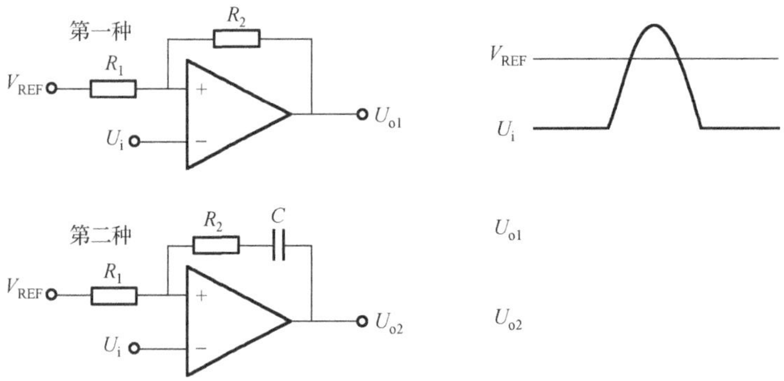

（4）比较运算放大器和比较器的差别（引入反馈的差别，以及输出与输入之间关系的差别）.

（5）参考附录五，完成以下两个波形时序图，并标明脉宽.

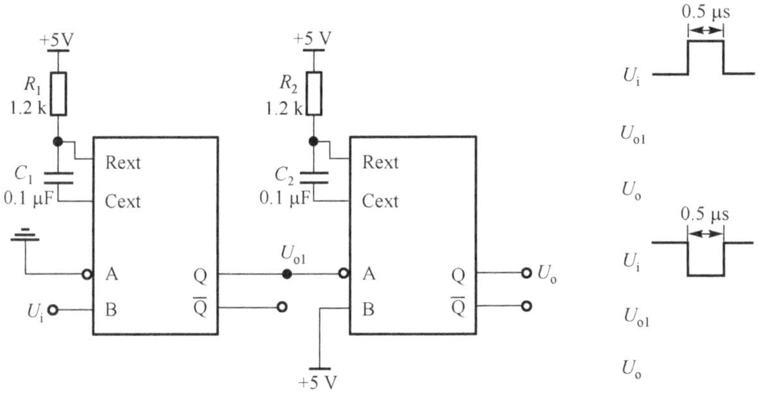

（6）参考附录八，画出 SR 锁存器在下图输入情况下的输入输出时序图.（SR 锁存器有两种，一种由与非门构成，另一种由与门构成，本实验中所用 SR 锁存器由与非门构成）.

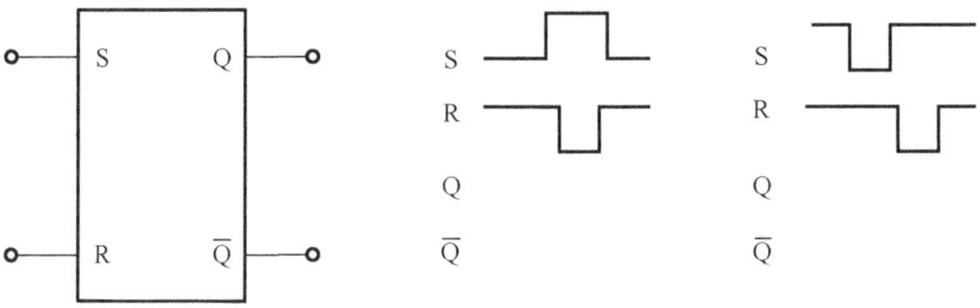

三、实验原理

单道脉冲幅度甄别器能对输入信号的幅度进行选择．设输入信号幅度为 V_i，输出信号 V_o，单道下甄别阈值 V_L、上甄别阈值 V_H，它们之间的关系如下：

当 $V_i < V_L$ 时，V_o =‘0’；

当 $V_H > V_i > V_L$ 时，V_o =‘1’；

当 $V_i > V_H$ 时，V_o =‘0’；

可见，单道脉冲幅度甄别器的输入为模拟信号，输出为数字信号；单道实验模块主要由极性选择电路、参考电压运算电路、幅度甄别电路、反符合电路组成，结构框图如图 3-1 所示，简化原理图如图 3-2 所示．单道实验模块的完整电路原理图请参考附录十二．

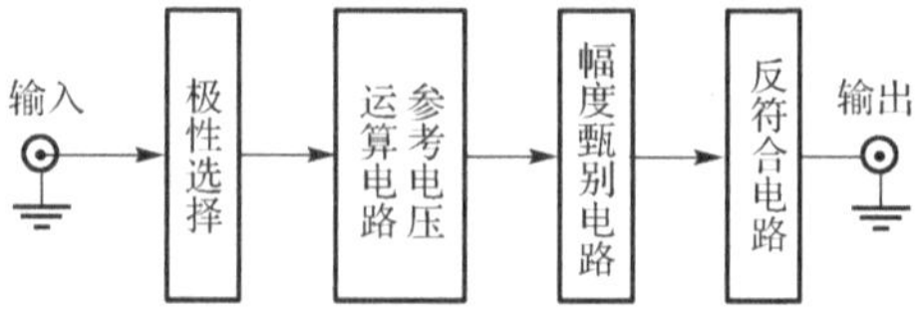

图 3-1　单道实验模块结构框图

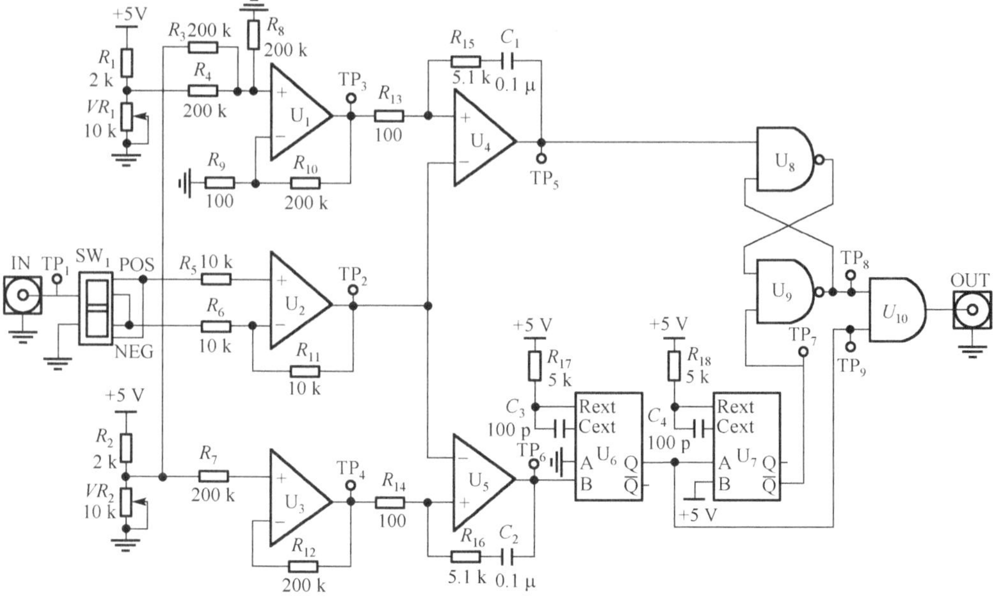

图 3-2　单道实验模块简化电路原理图

极性选择电路：可以将输入的负极性信号转变为正极性信号．电路主要由极性选择开关 SW_1，放大器 U_2 组成；当输入为负信号时，极性选择开关置于“NEG”端，此时放大器为反相放大器，放大倍数为“–1”．当输入为正信号时，极性选择开关置于“POS”端．

阈值设定电路：该电路用于设定单道分析器的上、下阈值．电路主要由阈值调节电位器 VR_2、道宽调节电位器 VR_1、电压运算放大器 U_1 和 U_3 组成．设阈值电位器 VR_2 输出对地电压为 U，道宽电位器 VR_1 输出对地电压为ΔU．根据运算放大器原理，U_3 输出电压为 $U=5\text{ V}\times R_2/(R_2+VR_2)$，$U_1$ 输出电压$(U+\Delta U) = 5\text{ V}\times R_2/(R_2+VR_2) + 5\text{ V}\times R_1/(R_1+VR_1)$．

信号分析电路：该电路将输入信号与上、下阈值进行比较输出，主要由上阈甄别器 U_4，下阈甄别器 U_5 组成．上、下阈甄别器均采用交流耦合施密特电压比较器．根据电压比较器原理，当输入信号幅度低于甄别器参考电压值时，甄别器输出高电平．当输入信号幅度高于参考电压值时，甄别器输出低电平．

反符合电路：反符合电路由两个单稳态触发器 U_6、U_7，两个与非门 U_8、U_9 以及与门 U_{10} 组成．上比较器的输出接入反符合电路的反符合端，下比较器电路的输出接入反符合电路的符合端，当反符合端无输入时，输出与符合端相同；当反符合端有信号输入时，无论符合端是否有输入，输出均为低电平．

静态时，$V_i < V_H$，单稳态的 U_6 的 Q 端输出为低电平，U_7 的 $\bar{Q}$ 端输出为高电平，与非门 U_9 的输出为高电平，与门 U_{10} 的输出端，即单道分析器输出端 OUT 端为低电平；当输入信号幅度满足：$V_H > V_i > V_L$ 时，只有下比较器 U_5 被触发，其输出端的负脉冲上升沿触发单稳态 U_6，使 U_6 的 Q 端输出正脉冲．U_6 的 Q 正脉冲下降沿触发单稳态 U_7，使 U_7 的 $\bar{Q}$ 端输出负脉冲．此时与非门 U_9 输出端为高电平，与门 U_{10} 的输出即单道分析器输出端 OUTPUT 为正脉冲．

当输入信号满足：$V_i > V_H$ 时，上、下比较器均被触发．上比较器 U_4 产生的负脉冲的下降沿使 U_9 输出端为负脉冲；下比较器 U_5 产生的负脉冲上升沿触发单稳态 U_6，U_6 的 Q 端输出正脉冲；该正脉冲下降沿触发单稳态 U_7，U_7 的 $\bar{Q}$ 端输出负脉冲，同时 U_9 输出端跳变为正脉冲；该正脉冲与单稳态 U_6 的 Q 端正脉冲结束后的负脉冲共同作用与门 U_{10}，单道分析器 OUT 端无输出．在此电路中，上比较器 U_4 的输出端相当于接入反符合电路的“反符合端”，下比较器 U_5 的输出端接入“符合端”，实现反符合电路功能．

四、实验装置

（1）母板实验箱一台．

（2）单道脉冲幅度分析器实验模块一块.

（3）DS1204B 示波器一台.

（4）DG4072 任意信号发生器一台.

五、注 意 事 项

（1）电路工作时，实验模块不可带电插拔，实验结束后必须断开电源.

（2）使用探头时轻拿轻放，不得将探头放置于接电的实验箱之上.

（3）实验中要求记录波形的操作中均需以 PNG 格式存储示波器波形图，要求在原始数据记录单上记录相关波形，注意标注横轴纵轴的单位，并由实验指导老师检查签字.

六、实 验 内 容

1. 测试信号

使用信号发生器产生频率为 1 MHz，高电平为 1.5 V，低电平为 0 V 的 Gauss 波，将其脉冲周期调节为 10 ms. 记录并保存波形，实验中根据提示修改测试信号的各项参数，测试信号波形如图 3-3 所示.

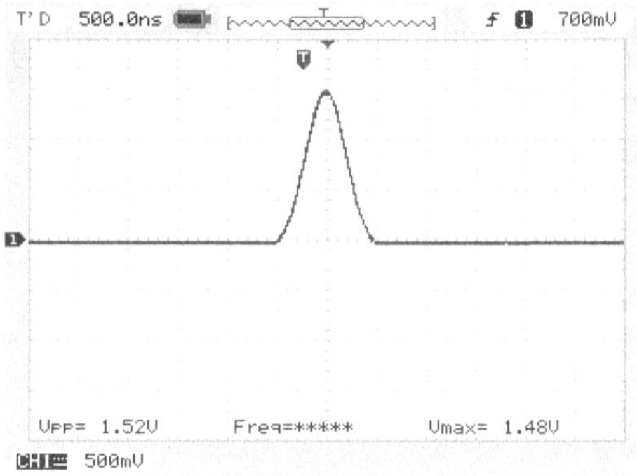

图 3-3　测试信号

2. 电路初始化

将测试信号输入电路，将 SW_1 拨到 POS 端，调节 VR_1 使 TP_3 输出电压为 2 V，调节 VR_2 使得 TP_4 输出电压为 1 V. 记录此时 OUT 端输出信号波形及脉宽.

3. 观察单道分析器各级波形的时序图，理解单道电路工作原理

记录 TP_3 和 TP_4 的电平：

（1）调节测试信号高电平为 0.5 V，测量并记录 TP_2、TP_5、TP_6、TP_7、TP_8、TP_9 以及 OUT 的时序图.

（2）调节测试信号高电平为 1.5 V，测量并记录 TP_2、TP_5、TP_6、TP_7、TP_8、TP_9 以及 OUT 端的时序图.

（3）调节输入信号高电平为 2.5 V，测量并记录 TP_2、TP_5、TP_6、TP_7、TP_8、TP_9 以及 OUT 端的时序图.

根据（2）和（3）所得到的时序图，分析单道分析器是如何实现当信号幅度过大时不产生信号输出.

4.（选做）请自主设计实验完成对下阈指针电位器的刻度

（提示：下阈比较电路为滞回比较器）.

5.（选做）计算单道下阈的积分非线性

参考附录三，根据 4 的实验结果，计算其下阈的积分非线性.

七、思 考 题

（1）当下阈值很高时，单道实验模块会出现不管输入信号幅度多大都没有输出的情况，请分析其原因.

（2）怎样用单道可以实现多道的功能？

实验四

堆积判弃电路

一、实验目的

（1）掌握堆积判弃电路的功能.

（2）掌握堆积判弃电路的工作原理.

（3）了解堆积判弃电路的性能指标.

二、实验准备

（1）请问堆积判弃电路功能是什么？

（2）给出如下加法电路的输入输出关系表达式.

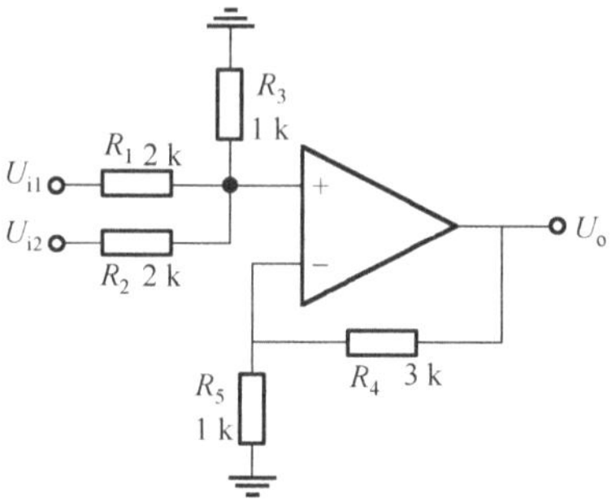

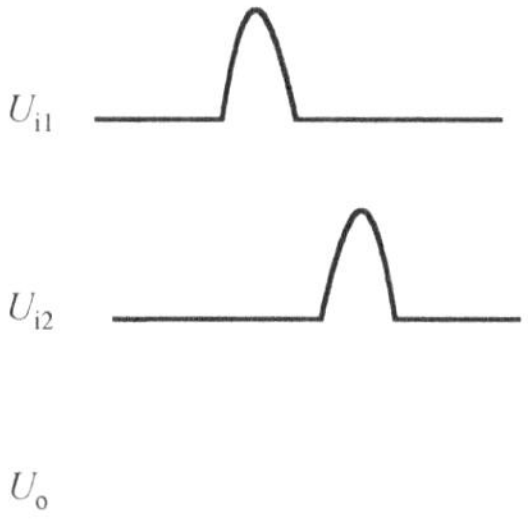

（3）给出如下比较器的输入输出时序图并计算比较电平 V_{REF} 的范围（V_{CC} 电平为 5 V）.

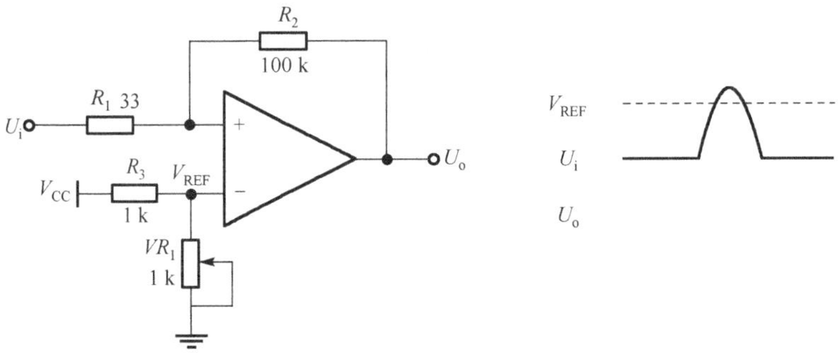

（4）参考附录五，画出以下两种不同输入脉宽信号 U_i 的输出波形 U_{o1} 和 U_{o2}，并且在图中标示出它们的脉宽.

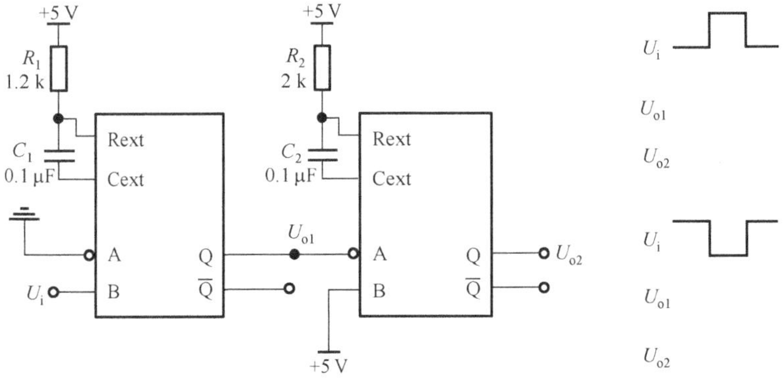

三、实验原理

堆积判弃电路用于判断输入信号是否发生堆积，若有堆积出现，则给出堆积标志信号. 堆积判弃实验模块主要由加法电路、信号宽度获取电路、堆积判断电路以及堆积标志输出电路组成，结构框图如图 4-1 所示，简化电路原理图如图 4-2 所示. 堆积判弃实验模块的完整电路原理图请参考附录十三.

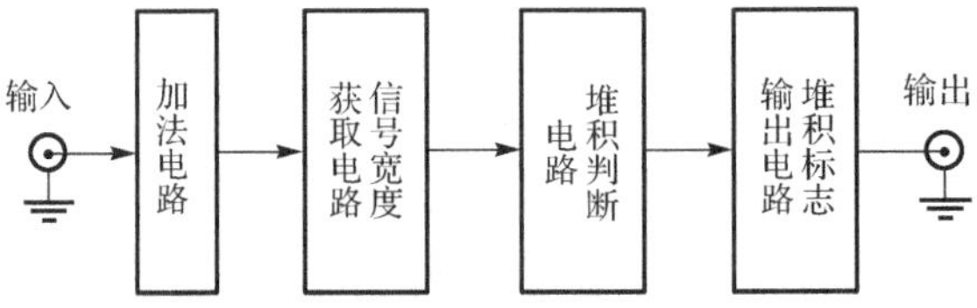

图 4-1　堆积判弃实验模块结构框图

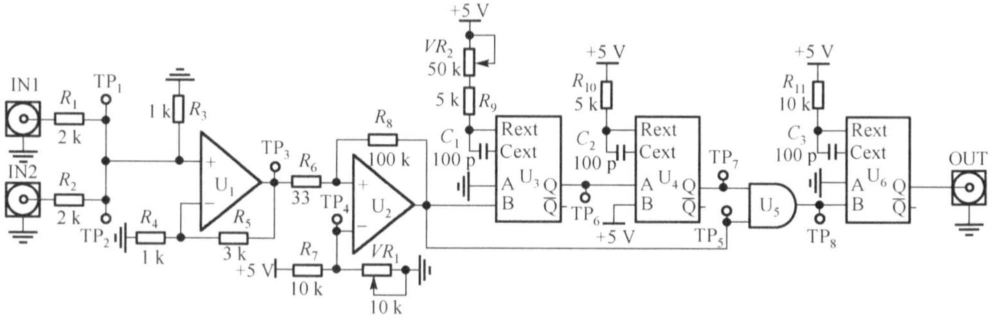

图 4-2　堆积判弃实验模块简化电路图

加法电路：主要由放大器 U_1 和其配置电阻组成．该电路对两路输入信号进行加法运算，即输出信号幅度等于同时刻两路输入信号之和．当两路输入信号相对延时小于信号宽度时，加法电路输出信号用于模拟发生信号堆积时的信号．

信号宽度获取电路：主要由放大器 U_2、滑动变阻器 VR_1 和其配置电阻组成．加法电路的输出信号作为输入，通过电平比较器获得信号的宽度．为了使获取到的信号脉宽信息尽量不受到信号幅度变化的影响，该处比较电平的选择应尽量低．但比较电平值应高于噪声，才能避免噪声引起的误触发．

堆积判断电路：主要由两个单稳态触发器 U_3、U_4 和与门 U_5 组成．通过 VR_2 调节单稳态 U_3 使其输出信号宽度等于没有信号堆积时的信号宽度．单稳态 U_3 的输出信号下降沿触发单稳态 U_4 输出一定宽度的脉冲信号．当未发生信号堆积时，宽度获取电路的输出信号宽度与单稳态 U_3 输出相同，所以不能与单稳态 U_4 的输出信号在与门 U_5 处产生输出信号；当发生信号堆积时，宽度获取电路的输出信号宽度大于单稳态 U_3 输出信号宽度，所以能够与单稳态 U_4 的输出信号在与门 U_5 处产生输出信号．

堆积标志成形电路：主要由单稳态 U_6 构成．与门 U_5 输出信号上升沿触发单稳态 U_6 输出一个固定宽度的方波信号作为堆积标志信号．

四、实验装置

（1）母板实验箱一台．

（2）堆积判弃模块一块．

（3）DS1204B 示波器一台．

（4）DG4072 任意信号发生器一台．

五、注意事项

（1）电路工作时，实验模块不可带电插拔，实验结束后必须断开电源.

（2）使用探头时轻拿轻放，不得将探头放置于接电的实验箱之上.

（3）实验中要求记录波形的操作中均需以 PNG 格式存储示波器波形图，要求在原始数据记录单上记录相关波形，注意标注横轴纵轴的单位，并由实验指导老师检查签字.

六、实验内容

1. 测试信号

使用信号发生器产生两路频率为 1 MHz，高电平为 1.5 V，低电平为 0 V 的 Gauss 波，调节脉冲周期到 10 ms，相对延时为 500 ns，记录并保存波形，实验中根据提示修改测试信号的各项参数，测试信号波形如图 4-3 所示.

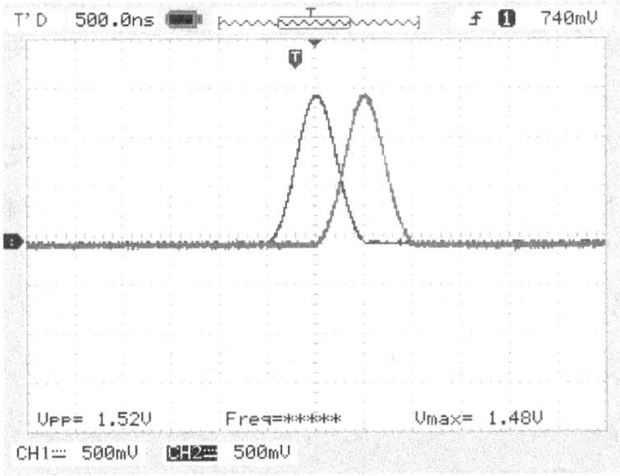

图 4-3 测试信号

2. 电路初始化

将任意信号发生器 CH1 连接到堆积判弃实验模块 IN1，调节 VR_1 使 TP_4 的电压为 100 mV，调节 VR_2，使得 TP_6 信号宽度与 TP_5 信号相同. 将任意信号发生器 CH2 连接到模块的 IN2 端，测量 OUT 端的输出并记录其波形及脉宽.

思考：为何要将 TP_6 信号宽度调至与 TP_5 相同？

3. 堆积判弃测试

将两路测试信号间延时调节到 0 ns，然后以 100 ns 为步长，逐渐增大信号延时，观察 OUT 端输出信号，记录从无到有的信号延时时间和从有到无的延时时间，记录波形图.

	从无到有	从有到无
延时时间/ns		

4. 结合 3 观察各级时序波形

（1）将两路测试信号延时设置到 OUT 端有输出，观察并记录 TP_1～TP_8 的时序波形图.

（2）将两路测试信号延时增大到 OUT 端没有输出，再次观察 TP_1～TP_8 的时序波形图.

（3）结合（1）和（2），分析堆积判弃实验模块的工作原理.

七、思　考　题

（1）请问当输入信号脉宽变宽时，要实现正确的堆积判弃，VR_2 应怎样调节，为什么？

（2）VR_1 用于调节 U_2 比较器的比较电平，请问 TP_4 的比较电平应该怎么调才合适，为什么？

实验五

多道脉冲幅度分析器

一、实验目的

（1）掌握模数变换的功能.

（2）掌握模数变换的原理（峰值保持电路原理和模数变换器原理）.

（3）了解多道分析器的性能指标.

二、实验准备

（1）请给出以下单稳态触发器各点时序图.

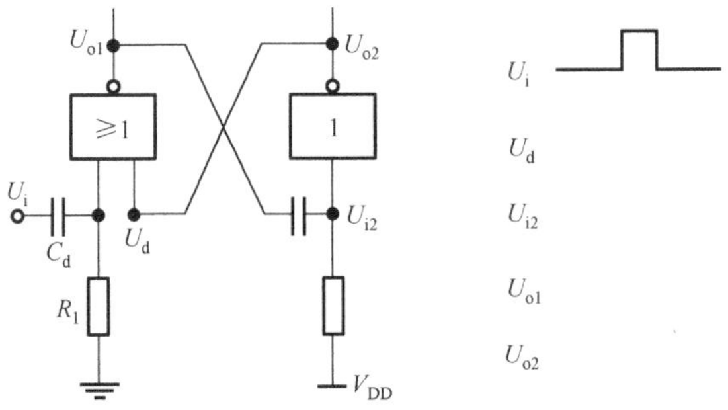

（2）结合实验原理部分画出以下采样保持电路原理图上各测试点之间的时序图（模拟开关高电平时导通）.

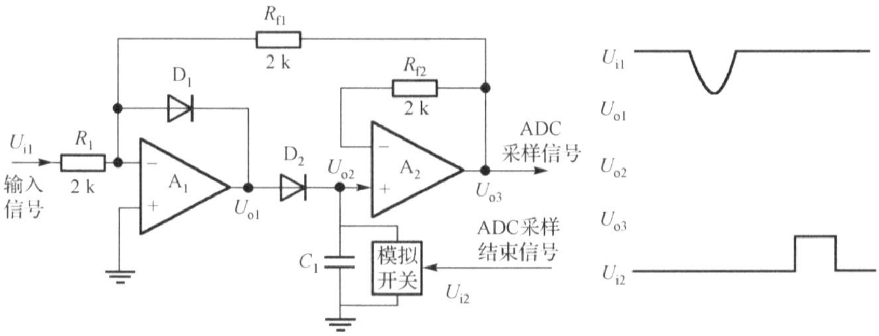

（3）画出 ^{60}Co 的 γ 能谱，给出 1.33 MeV 全能峰能量分辨率的计算表达式.

（4）（选做）学习 Matlab 等数据处理软件，掌握全能峰拟合技能.

（5）（选做）使用（5）中提到的 Matlab 等数据处理软件模拟产生一组高斯分布数据，并使用数据处理软件对该组数据完成高斯拟合，求出其中心峰位和半高宽.

三、实验原理

多道实验模块能够对模拟信号幅度信息进行采样，并将幅度信息转换为相应的数字信息. 多道实验模块由峰值保持电路、模数变换电路和输出显示三个功能模块组成，其结构框图如图 5-1 所示，其简化原理图如图 5-2 所示. 多道实验模块的完整电路原理图请参考附录十四.

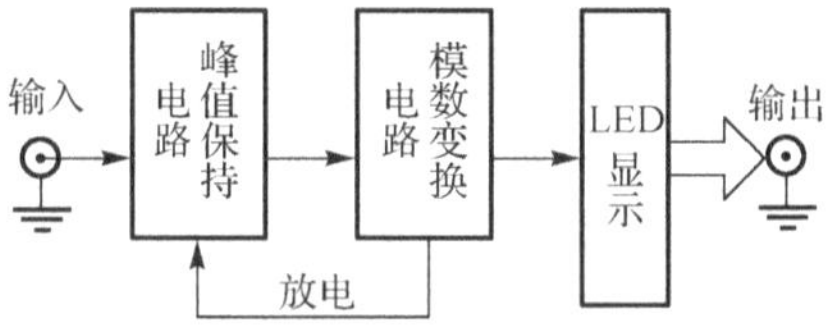

图 5-1　多道实验模块结构框图

峰值保持电路：主要由 U_1、U_2、U_3、D_1、D_2、C_5 及 SW_1 组成. U_1 为信号反相电路，其作用在于将输入信号进行−1/2 倍的反相放大，以便峰值保持部分能够正常工作. U_2、U_3、D_1、D_2、C_5 及 SW_1 等共同构成峰值保持电路. 其作用在于当输入信号幅度逐渐增大时，向电容 C_5 充电. 当输入信号从峰位逐渐减小时，保持住电容 C_5 中的峰位电压，并通过 U_4、U_5 和 U_6 构成一定延时后通知模数变换电路开始工作. 模数变换结束后经过开关 SW_1 对电容 C_5 放电，完成一次模数变换. 详细的工作原理如下所述.

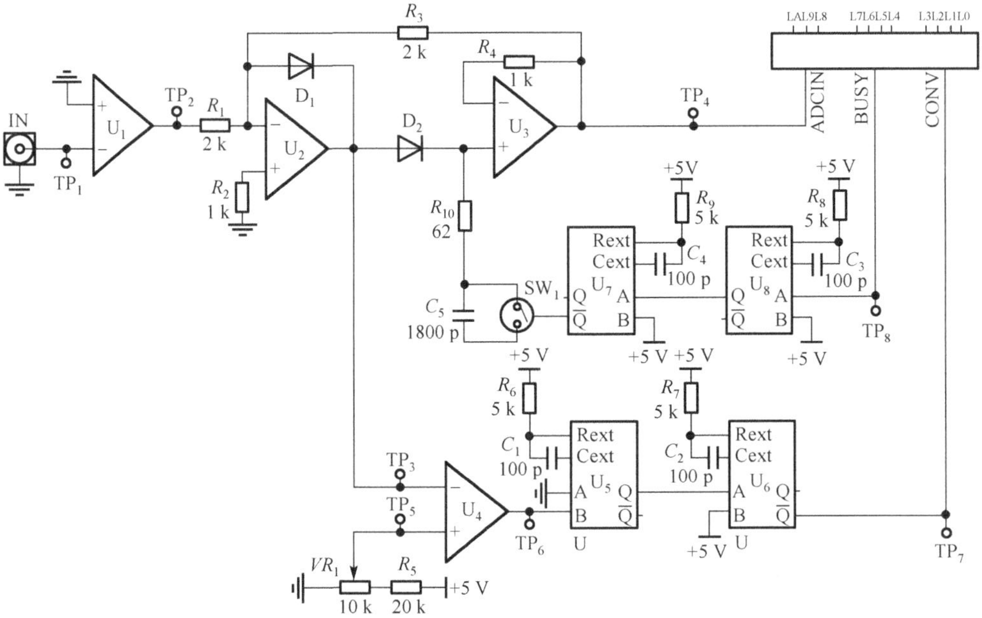

图 5-2　多道实验模块简化电路原理图

采样前，模拟开关 SW_1 处于断开状态，负相的输入信号（TP_2）由 R_1 输入到运算放大器 U_2，倒相后对电容 C_5 充电，C_5 电压随输入信号脉冲幅度的增加而增加，当输入信号（TP_1）幅度增加到最大幅度后，C_5 上的电压达到最大幅度，运算放大器 U_3 为跟随器，其输出电压与电容上的电压相等.

当随着输入信号幅度从最大开始下降时，由于 U_2 的输出与电容 C_5 上的电压相等，经反馈电阻 R_3 耦合到 U_2 的反相输入端，而经极性转换倒相后的信号（TP_2）本身幅度随输入信号下降，所以 U_2 的反相输入端电压为正值，使 U_2 输出为负电压，二极管 D_1 截止，电容上的电压保持不变，故 U_3 保持峰值电压不变.

比较器 U_4 在无信号时输出为高电平，当输入信号上升时，U_2 的输出同步上升；U_2 输出高于阈值电压时，比较器 U_4 输出低电平，当输入幅度由最大值开始下降时，U_2 输出迅速下降到负电压，比较器输出高电平. 比较器输出脉冲由低电平变为高电平时采样点（TP_4）已经达到最大值，比较输出信号输出至时序控制电路，为启动模数变换作准备.

模数变换结束后，向模拟开关 SW_1 输出一个脉冲电压（SW_1 处于闭合状态），对电容 C_5 进行放电，使电路复位，为下一个脉冲取样保持作准备.

模数变换电路：U_5、U_6、U_7、U_8 和 ADC 构成模数转换电路. 其作用在于峰值到达时通知 ADC 芯片进行模数变换；并在模数变换结束时闭合模拟开关 SW_1，结束峰值保持. 其工作原理如下：

比较器 U_4 输出信号（TP_6）的上升沿（输入信号达峰时刻）触发单稳态触发器 U_5，U_5 正相输出端 Q 触发 U_6，U_6 的负输出信号（TP_7）启动 ADC 芯片，并开始模数转换. 模数转换结束后，ADC 的 busy 信号（TP_8）触发单稳态 U_8，U_8 触发 U_7，U_7 的负输出闭合模拟开关 SW_1，C_5 通过 SW_1 放电，结束峰值保持.

LED 显示：ADC 的输出驱动发光二级管 L0～LA（蓝色 LED）构成输出显示电路. 其作用在于指示 ADC 芯片是否正常工作. ADC 芯片一共有 16 位输出，实验中为了提高精度，只使用了高 11 位（L0～LA）输出，若相应位为高电平（即二进制 1），则相应 LED 灯发光，可以通过观察 LED 灯的点亮情况直接获得 ADC 采样的数值.

多道分析系统的搭建：单独的多道实验模块只能将脉冲信号的峰值转换成相应的数字代码，不能对峰值数据进行存储和统计分析. 因此要搭建一套完整的多道分析系统还需要数据传输实验模块（将多道实验模块的输出数据传输到 PC 机上）和多道分析程序，多道分析系统结构框图如图 5-3 所示.

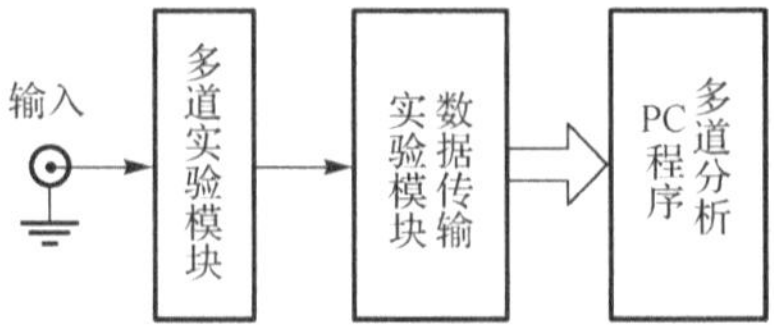

图 5-3　多道分析系统结构框图

四、实验装置

（1）母板实验箱一台.
（2）多道实验模块一块.
（3）数据传输实验模块一块.
（4）PC 机一台.
（5）DS1204B 示波器一台.
（6）DG4072 任意信号发生器一台.

五、注意事项

（1）电路工作时，实验模块不可带电插拔，实验结束后必须断开电源.
（2）使用探头时轻拿轻放，不得将探头放置于接电的实验箱之上.
（3）实验中要求记录波形的操作中均需以 PNG 格式存储示波器波形图，要求在原始数据记录单上记录相关波形，注意标注横轴纵轴的单位，并由实验指导老师检查签字.

六、实验内容

1. 测试信号

使用信号发生器产生 Gauss 波，设置频率 1 MHz，高电平 1.5 V，低电平 0 V，调节脉冲周期为 10 ms. 记录并保存波形，实验中根据提示修改测试信号的各项参数，测试信号波形如图 5-4 所示.

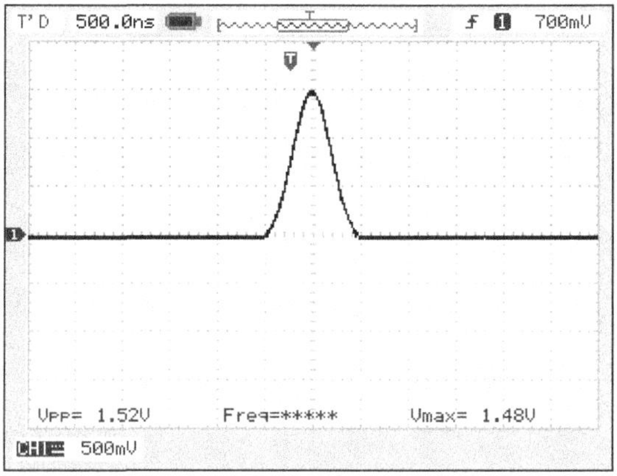

图 5-4　测试信号

2. 电路初始化

将测试信号输入 IN 端口，用示波器观察测试点 TP_5 的输出电平，调节滑动变阻器 VR_1 使测试点 TP_5 输出电平为 200 mV. 记录此时 LED 灯组的读数，常暗记为 0，常亮记为 1，闪烁记为 X.

3. 测量峰值保持电路的时序波形图

用示波器观测 TP_1、TP_2、TP_3、TP_4 的信号波形，记录这四个测试点的时序波形图，并分析峰值保持电路的工作原理.

4. 测量采样电路的时序图

用示波器观测测试点 TP_3、TP_4、TP_5、TP_6、TP_7 的信号波形，记录这五个测试点的时序波形图（其中 TP_5 为阈值电平，需将之与 TP_3 画在一起），并分析采样时序关系和工作原理.

5. 多道分析幅度刻度

将测试信号的高电平值从 1 V 以 1 V 为步长逐渐增大到 6 V，观察不同高电平时，LED 灯组的读数（常暗记为 0，常亮记为 1，闪烁记为 X，在将其转换为数字时，最高位的 X 置为 1，且将该位以下的所有位都置为 0），对读数和高电平值进行线性拟合，完成 LED 灯组读数的幅度刻度.

6.（选做）测量多道分析器的性能指标

使用模数变换实验模块、数据传输模块和 PC 机搭建一个多道分析器（搭建步骤见后面的说明）. 以 250 mV 为步长将测试信号高电平从 500 mV 逐步增加至 6 V，观察 PC 机上得到的信号幅度谱（用 PrintScreen 截下整个屏幕图像），将测量的数据结果保存. 借助数据处理软件求出测试信号幅度与幅度谱道数之间的线性关系，在实验报告中给出线性关系图以及直线的参数，并求出其积分非线性.

7.（选做）输入信号后沿最大下降时间

对于一个固定的峰值保持电路，它只能适用于一定范围时间特性的输入信号. 当输入信号太快或者太慢时，它都会无法正常工作. 请自主设计实验测试，当输入信号后沿下降时间增大到一定程度后峰值保持电路无法正常工作. 记录此时峰值保持电路相关测试点的波形时序图，并分析原因.

七、思 考 题

（1）关于多道分析器有一个重要概念叫道数，常常提到 1024 道、2048 道、4096 道等. 请问道数主要由模数变换器的什么决定，道数的多少影响着多道分析器什么性能指标？

（2）多道实验模块的最高计数率主要由哪些因素决定？

（3）解释多道实验模块 LED 灯组出现闪烁的原因.

实验六

时间检出（前沿/过零）

一、实验目的

（1）掌握定时电路的功能.

（2）掌握前沿定时和过零定时的原理.

（3）了解定时电路中时间游动、时间晃动和时间漂移.

二、实验准备

（1）给出以下前沿定时电路的输出信号波形.

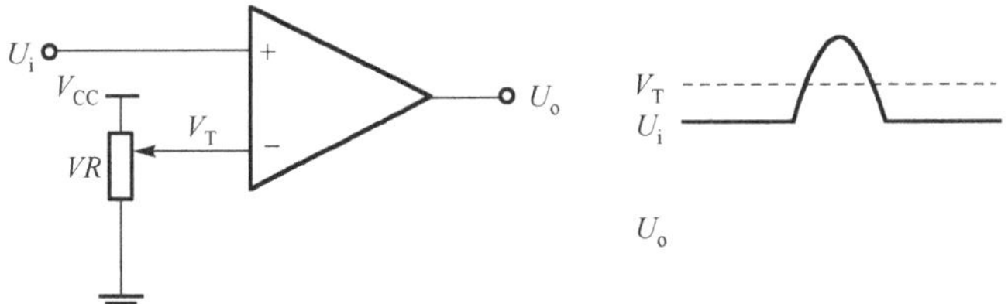

（2）请给出以下微分电路的输出电压 U_o 的计算表达式，并画出输出信号波形.

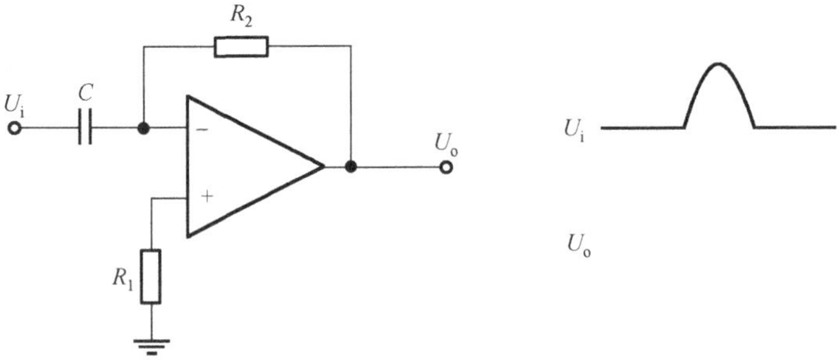

（3）给出以下过零定时电路的输出信号波形．并简要分析其工作原理．

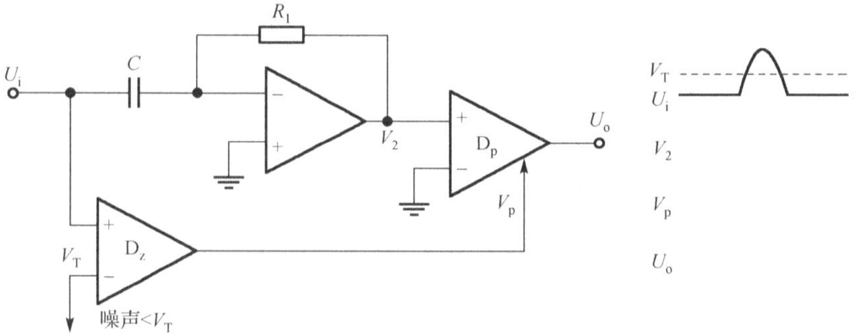

（4）在定时测量时产生定时误差的因素有三个：时间游动、时间晃动和时间漂移．请解释以上三种误差因素，并结合时间游动来比较前沿定时和过零定时．

（5）参考附录六，给出以下 D 触发器电路原理图的输入输出时序图，理解实验原理中的电路原理图．

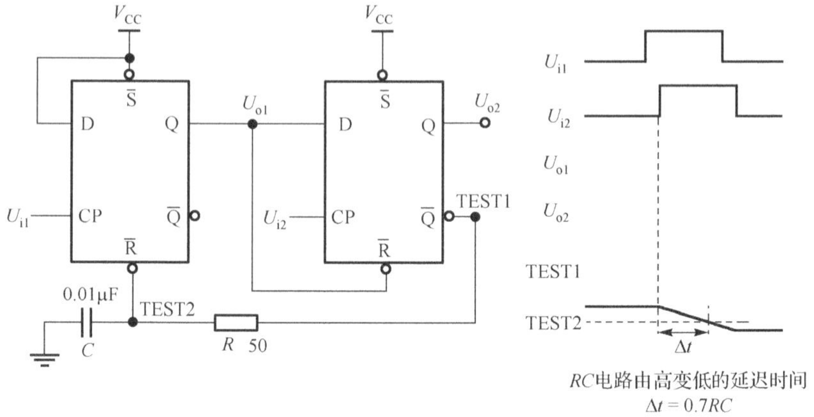

（6）（选做）了解计数式时间-数码变换、游标卡尺计时器和时间幅度变化的原理．分别给出以上三种时间信息变换方法的优缺点．本实验使用 TDC-GP2 时间-数码变换芯片作为时间测量工具，请参考附录七相关介绍，给出 TDC-GP2 采用的是哪一种变换方式．

三、实验原理

时间检出（前沿/过零）实验模块用于对输入信号进行时间检出．时间检出实验模块上包含两路完全一样的时间检出电路，可以同时对两路输入信号进行时间检出. 每一路时间检出电路主要由前沿定时电路、过零定时电路和过零定时使能电路组成. 其电路结构框图如图 6-1 所示，其简化电路原理图如图 6-2 所示. 时间检出（前沿/过零）实验模块的完整电路原理图请参考附录十五.

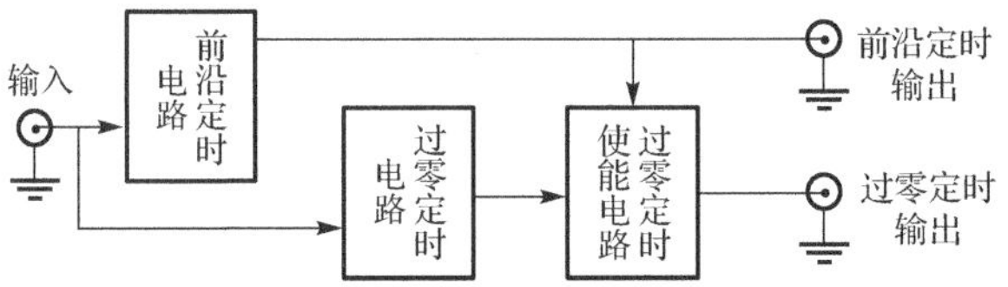

图 6-1　时间检出实验模块结构框图

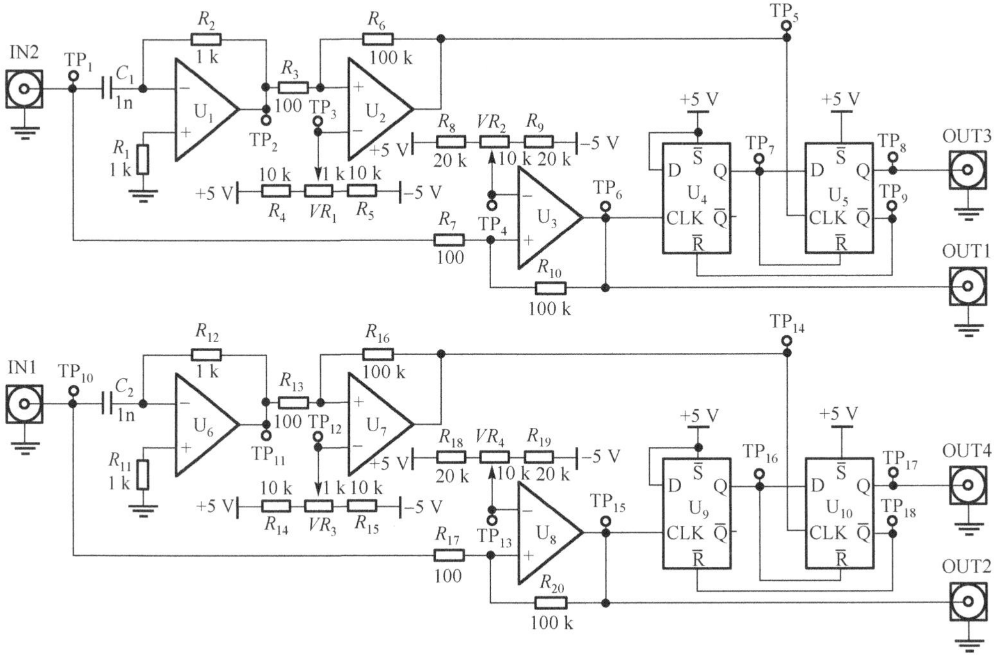

图 6-2　时间检出实验模块简化电路原理图

前沿定时电路：以 IN2 路为例进行说明，主要由 VR_2 和 U_3 组成. 输入信号被分为两路，其中一路直接进入比较器 U_3 进行前沿甄别. 通过 VR_2 调节甄别阈值，当输入信号幅度高于甄别阈值时，比较器 U_3 输出高电平信号，信号的前沿代表信号的到达时刻.

过零定时电路：以 IN2 路为例进行说明，主要由 C_1、U_1、U_2 组成. 输入信号的另一路经过 U_1 构成的微分电路变为双极性信号. 理论上，输入信号的峰值时刻即为微分信号的过零时刻，U_2 构成过零比较电路，调节 VR_1 变阻器设定比较阈值为 −20 mV 左右. 在微分信号的前端信号幅度逐渐减小，触发比较 U_2 输出由高变低. 然后微分信号逐渐增大，在接近过零点时，比较器 U_2 再次翻转，输出信号由低变高触发 D 触发器 U_5 的 Q 端输出与 D 端相同.

过零定时使能电路：以 IN2 路为例进行说明，主要由 U_4、U_5 组成. 前沿定时比较器 U_3 输出信号的上升沿触发 D 触发器 U_4 的 Q 端输出为高电平. 如前所述，过零定时电路输出信号的上升沿触发 D 触发器 U_5 的 Q 端输出与 D 端相同. 等同于用前沿定时的输出信号来使能过零定时的输出信号. 当 D 触发器 U_5 的 Q 端输出为高时，其 Q′ 端输出为低，对电容 C_3 进行放电. 导致电容 C_3 两端电压降低，使 D 触发器 U_4 复位. U_4 的 Q 端输出电压由高变低，复位 D 触发器 U_5，D 触发器 U_5 的 Q 输出端由高变低，完成一次时间检出.

时间信息测量系统的搭建：单独的时间检出（前沿/过零）实验模块只能检出脉冲信号的到来时刻，不能完成时间信息的模拟量到数字量的变换. 因此要搭建一套完整的时间信息测量系统还需要时数变换模块、PC 机和数据处理程序，时间信息测量器结构框图如图 6-3 所示.

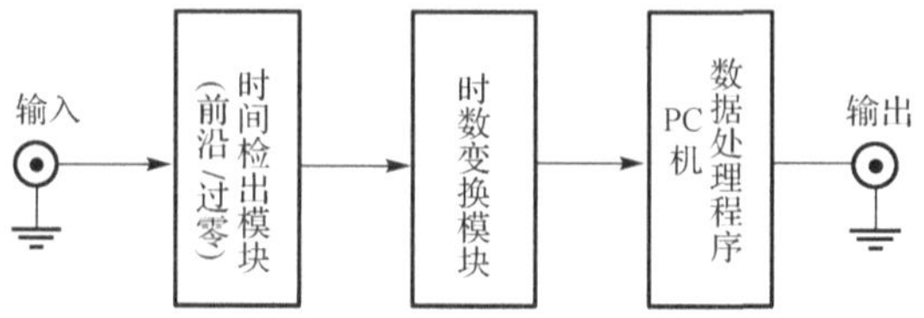

图 6-3　时间信息测量系统结构框图

四、实验装置

（1）母板实验箱一台.

（2）时间检出（前沿/定时）实验一块.

（3）时数变换实验一块.

（4）PC 机一台.

（5）DS1204B 示波器一台.

（6）DG4072 任意信号发生器一台.

五、注意事项

（1）电路工作时，实验模块不可带电插拔，实验结束后必须断开电源.

（2）使用探头时轻拿轻放，不得将探头放置于接电的实验箱之上.

（3）实验中要求记录波形的操作中均需以 PNG 格式存储示波器波形图，要求在原始数据记录单上记录相关波形，注意标注横轴纵轴的单位，并由实验指导老师检查签字.

六、实验内容

1. 测试信号

使用信号发生器产生两路延时（CH2 相对于 CH1 延时）为 500 ns 的 Gauss 波，设置频率 1 MHz，低电平 0 V，高电平 1.5 V，调节脉冲周期为 10 ms. 记录并保存波形，实验中根据提示修改测试信号的各项参数，测试信号波形如图 6-4 所示.

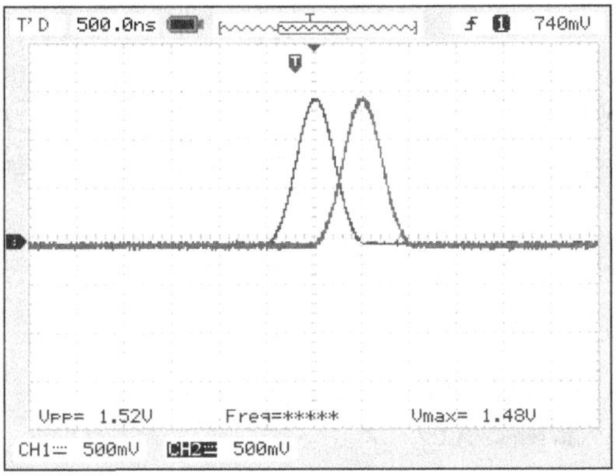

图 6-4　测试信号

2. 电路初始化

将 CH1 通道测试信号输入信号输入端口 IN2，CH2 测试信号输入 IN1 信号输入端口. 用示波器观察 TP_4 测试端口，调节滑动变阻器 VR_2，使得前沿定时触发阈值为 100 mV；用示波器探头测量 TP_3 测试点，调节滑动变阻器 VR_1，使过零定时触发阈值为−20 mV. 测量并记录 TP_6 和 TP_8 的输出波形. 用同样的方法对 VR_4 和 VR_3 进行调节，测量并记录 TP_{15} 和 TP_{17} 的输出波形.

3. 前沿定时、过零定时电路的工作原理

用示波器测量并记录前沿定时电路 TP_1、TP_4 和 TP_6 三个测试点的信号波形时序图，并分析前沿定时电路的工作原理.

用示波器测量并记录过零定时电路 TP_1、TP_2、TP_5和 TP_8四个测试点的信号波时序图（建议以 TP_2的信号为时序图的时间参照），并分析过零定时电路的工作原理．

4．过零定时中的前沿定时

由实验原理中的电路原理图可以看出过零定时电路中过零比较器 U_2 的输出（TP_5）并不能直接作为过零定时的输出信号，而是需要通过两个 D 触发器引入前沿定时的输出信号才能得到最终的输出信号．用示波器观测并记录 TP_5、TP_6、TP_7和 TP_8 四点信号波形的时序关系图．因为 D 触发器两个输出端电平相反，所以 $V_{TP_9}=-V_{TP_8}$．根据这个特征将 TP_9也添加到时序波形图中．结合 5 个测试点信号之间时序关系，分析前沿定时在过零定时中的作用．

5．（选做）搭建一个时间信息测量系统

参考实验原理中时间信息测量系统结构框图，搭建一个时间信息测量系统．

（1）前沿定时：将时间检出电路的 OUT1 端口接到时数变换模块的开始信号端口（START），OUT2 接到时数变换模块的第一个停止端口（STOP1）．CH1 通道测试信号接到时间检出实验模块的 IN2 端口，CH2 输入 IN1 端口．以 200 ns 为步长将 CH2 通道相对于 CH1 通道的延时时间从 200 ns 逐步增加到 1400 ns．观察并保存 PC 机上得到的时间谱（用 PrintScreen 截下整个屏幕图像），同时保存得到的实验数据用于进一步的数据分析．

（2）过零定时：将时间检出电路的 OUT3 输出端口接到时数变换模块的开始信号端口 START，OUT4 接到时数变换模块的第一个停止端口 STOP1．重复上述实验．

6．（选做）时间刻度和时间分辨率

借助数据处理软件，根据 5 中得到的前沿定时和过零定时两组实验数据，分别求出时间与时间谱道数之间的线性关系（时间刻度），并求出积分非线性．对延迟时间为 1000 ns 的测量数据进行高斯拟合求出 1000 ns 处的时间分辨率，比较前沿定时和过零定时的时间分辨率．

7．（选做）时间游动测试

在前面的实验内容中，输入测试信号的幅度和波形都未发生变化，从而前沿定时的定时精度不会受到时间游动的影响．请将两路测试信号的延时设置为 1000 ns，自主设计实验，验证当输入信号幅度变化时前沿定时的定时精度由于时间游动的影响会变差；相反过零定时能够很好地克服由于信号幅度变化引起的时间游动，定时精度不会发生明显变化．

8.（选做）过零定时电路的最高工作频率

请自主设计实验，测量过零定时电路的最高工作频率，记录过零定时电路不正常工作前后相关测试点的波形时序图．并分析该最高工作频率主要受到什么限制．

七、思考题

（1）请问要使前沿定时的精度提高，应该怎样设置前沿定时阈值，为什么？

（2）在电路初始化时，将 TP_3 处电压设置为–20 mV，请问可以将该处电压设置为+20 mV 吗？为什么？

（3）为了提高定时精度，应该对输入信号提出哪些要求？

（4）（选做）阅读 TDC-GP2 芯片资料，掌握 TDC-GP2 测量时间的原理，简述 TDC-GP2 芯片测量流程．

实验七

符合反符合实验

一、实验目的

（1）掌握符合反符合电路的功能.
（2）掌握符合反符合电路的工作原理.
（3）了解符合反符合电路的性能指标.

二、实验准备

（1）给出三极管电平转换电路的工作原理（假设其工作在饱和区）.

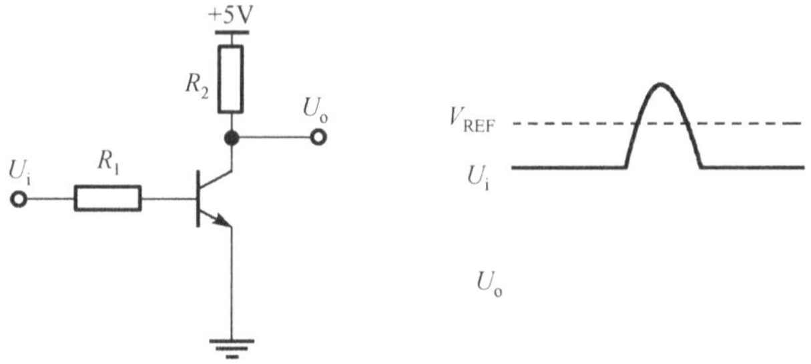

（2）给出以下电路的输入输出时序图（U_i 点、U_{o1} 点和 U_{o2} 点的时序图）并给出 U_{o1} 和 U_{o2} 的输出信号脉宽.

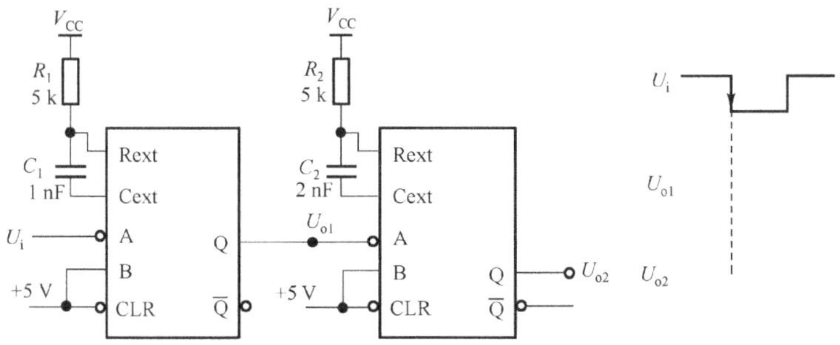

（3）什么是符合分辨时间？什么是偶然符合？请给出偶然符合的表达式.

三、实验原理

符合反符合实验模块主要由两路输入电路、两路延迟电路、两路符合分辨时间电路、一个符合或反符合电路和输出电路五部分组成. 其结构框图如图 7-1 所示，简化电路原理图如图 7-2 所示. 符合反符合实验模块的完整电路原理图请参考附录十七.

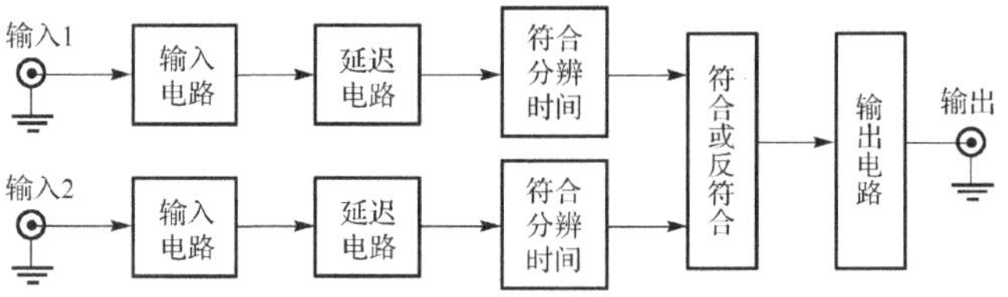

图 7-1　符合反符合实验模块结构框图

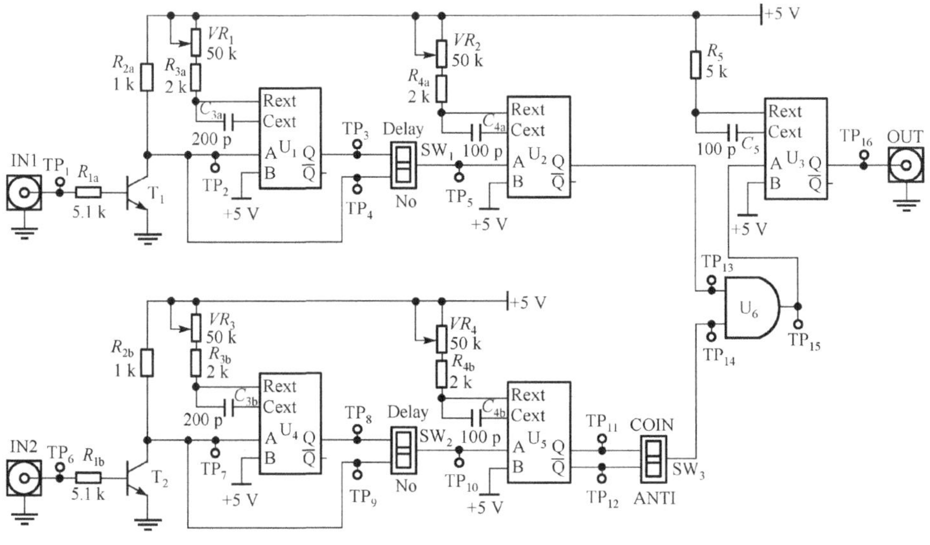

图 7-2　符合反符合实验模块简化电路原理图

输入电路：以第一路为例，主要由电阻 R_{1a}、R_{2a} 和三极管 T_1 组成．当输入信号电压超过三极管 T_1 的导通电压时，三极管 T_1 工作在饱和区．三极管 T_1 的集电极电压由高变到低，相当于构成了一个简单的比较电路．那么一个脉冲信号从 IN1 端输入，在三极管的集电极输出一个低电平方波到单稳态触发器 U_1 的输入端 A.

延迟电路：以第一路为例，主要由单稳态触发器 U_1、滑动变阻器 VR_1 和开关 SW_1 构成．三极管 T_1 的集电极输出的低电平方波下降沿触发单稳态触发器 U_1，其输出端口 Q 输出一个方波信号．该方波信号宽度代表延时时间，可以通过滑动变阻器 VR_1 进行调节．SW_1 可以选择接入或者不接入这个延时．

符合分辨时间：以第一路为例，主要由单稳态触发器 U_2 和滑动变阻器 VR_2 组成．当不接入延时的时候，三极管 T_1 的集电极输出信号的下降沿触发单稳态触发器 U_2 输出一个方波信号；当接入延时的时候，单稳态触发器 U_1 的 Q 端输出信号的下降沿触发单稳态触发器 U_2 输出一个方波信号．单稳态触发器 U_2 输出方波信号的宽度代表符合分辨时间，可以通过滑动变阻器 VR_2 进行调节．

符合或反符合电路：主要由开关 SW_3 和与门 U_6 组成．当开关 SW_3 拨到“COIN”时，两条符合分辨时间电路的 Q 端相与，电路工作在符合模式；当开关 SW_3 拨到“ANTI”时，第一条符合分辨时间电路的 Q 端与第二条符合分辨时间电路的 $\overline{Q}$ 端相与，电路工作在反符合模式．

四、实验装置

（1）母板实验箱一台．

（2）符合反符合实验模块一块．

（3）DS1204B 示波器一台．

（4）DG4072 任意信号发生器一台．

五、注意事项

（1）电路工作时，实验模块不可带电插拔，实验结束后必须断开电源．

（2）使用探头时轻拿轻放，不得将探头放置于接电的实验箱之上．

（3）实验中要求记录波形的操作中均需以 PNG 格式存储示波器波形图，要求在原始数据记录单上记录相关波形，注意标注横轴纵轴的单位，并由实验指导老师检查签字．

六、实验内容

1. 测试信号

使用信号发生器发生两路相对延时为 500 ns 的 Gauss 信号（CH2 超前 CH1），频率 1 MHz，低电平 0 V，高电平 1.5 V，周期设置为 10 ms．记录并保存波形，实验中根据提示修改测试信号的各项参数，测试信号波形如图 7-3 所示．

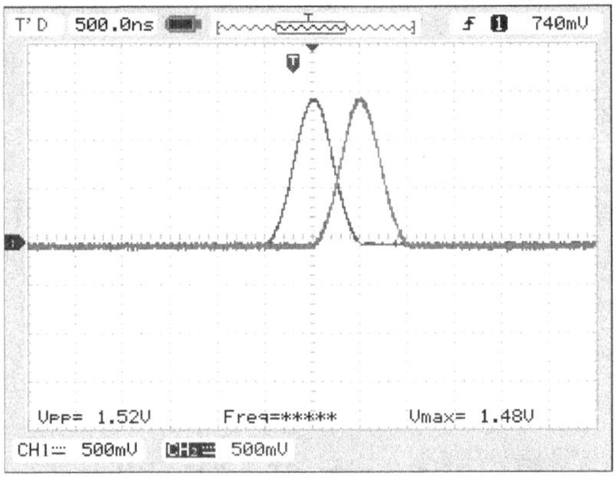

图 7-3 测试信号

2. 电路初始化

将测试信号 CH2 连接到 IN1，CH1 连接到 IN2，将两个延时电位器（VR_1、VR_3）逆时针旋到刻度 0 位置，两个 DELAY 开关（SW_1、SW_2）拨到延时端，分别调节 VR_2 和 VR_4（符合分辨时间）两个电位器旋钮，使得 TP_{13} 和 TP_{14} 两个测试点输出信号宽度为 1 μs，符合反符合开关 SW_3 拨到“COIN”端即符合端，记录输出信号的波形及脉宽．

3. IN1 通道时序图测量

用示波器探头观察以下几种情况时 TP_1、三极管集电极 TP_2、U_2 输入口 TP_5 以及与门 U_6 上输入端 TP_{13} 的信号波形时序图：

（1）将 DELAY 开关 SW_1 拨到 No 端，测量并记录以上四个测试点的信号时序图；

（2）将 DELAY 开关 SW_1 拨到 Delay 端，旋动 $DELAY_1$ 延时电位器 VR_1 使 TP_5 输出信号宽度为 500 ns，测量并记录四个测试点的时序图，分析延时器的功能；

(3)保持 $DELAY_1$ 指针电位器读数不动，旋动 $SHAPE_1$ 符合分辨时间电位器 VR_2 使得 TP_{13} 输出信号宽度为 500 ns，测量并记录旋动后四个测试点的时序图，分析符合分辨时间电位器的功能.

4. 符合测量

1）初始状态测试

将符合反符合开关 SW_3 拨到“COIN”端即符合端，两个 DELAY 开关 SW_1、SW_2 拨到 Delay 端，调节 VR_1～VR_4 到刻度 0，用示波器测量 TP_1、TP_2、TP_{13}、TP_{16} 波形时序图，根据 TP_6 与 TP_1 的相对延迟时间在图中添加 TP_7、TP_{10}、TP_{14} 以及 TP_{15} 的时序图.

2）延迟符合测量

旋动指针电位器 VR_1（保证另外三个电位器不动），使电路模块刚好有稳定输出信号. 观察并记录 TP_1，TP_2，TP_5，TP_6，TP_7，TP_{10}，TP_{15} 的波形时序图，测量 TP_5 与 TP_{10} 两测试点信号后沿的时间间隔，对比 1）中的时序图分析延迟符合原理.

3）符合分辨时间的测量

将两个 DELAY 旋钮置零，旋动指针电位器 VR_2，使电路模块刚好有稳定输出信号. 观察并记录 TP_1，TP_2，TP_6，TP_7，TP_{13}、TP_{14} 和 TP_{15} 的波形时序图. 测量 TP_{13} 和 TP_{14} 两测试点信号宽度，对比 1）中的波形图分析符合分辨时间的工作原理.

5.（选做）解决实际问题

现假设架设一套符合系统，两路符合信号间存在稳定的 700 ns 时间间隔. 请你设计至少两种符合测量方案来实现这两路信号的符合测量，并选出最优方案，给出最优的理由.

七、思　考　题

本实验中是否涉及偶然符合，为什么？

实验八

定标器实验

一、实验目的

（1）掌握定标器的功能.

（2）掌握定标器电路的工作原理.

（3）了解定标器电路的性能指标.

二、实验准备

（1）给出定标器的基本结构与主要应用.

（2）阐述定标器的定时计数、定数计时与手动测量的功能.

（3）什么是定标器的分辨时间和最高计数率？

三、实验原理

定标器实验模块具有对信号定时计数和定数计时的功能. 主要由极性转换电路、阈值甄别电路和控制显示电路组成. 其结构框图如图 8-1 所示，简化原理图如图 8-2 所示. 定标器实验模块的完整电路原理图请参考附录十六.

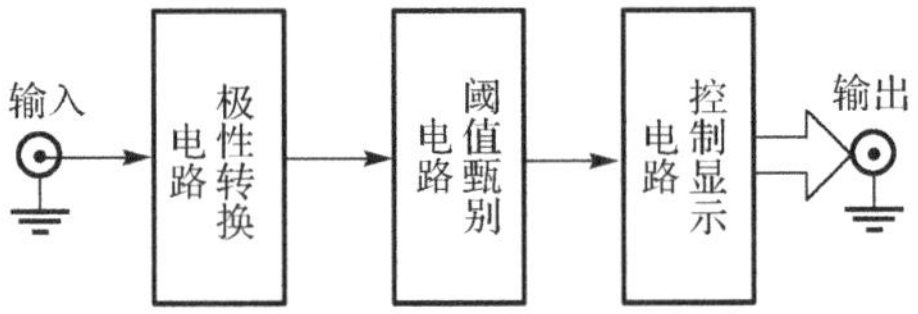

图 8-1　定标器实验模块结构框图

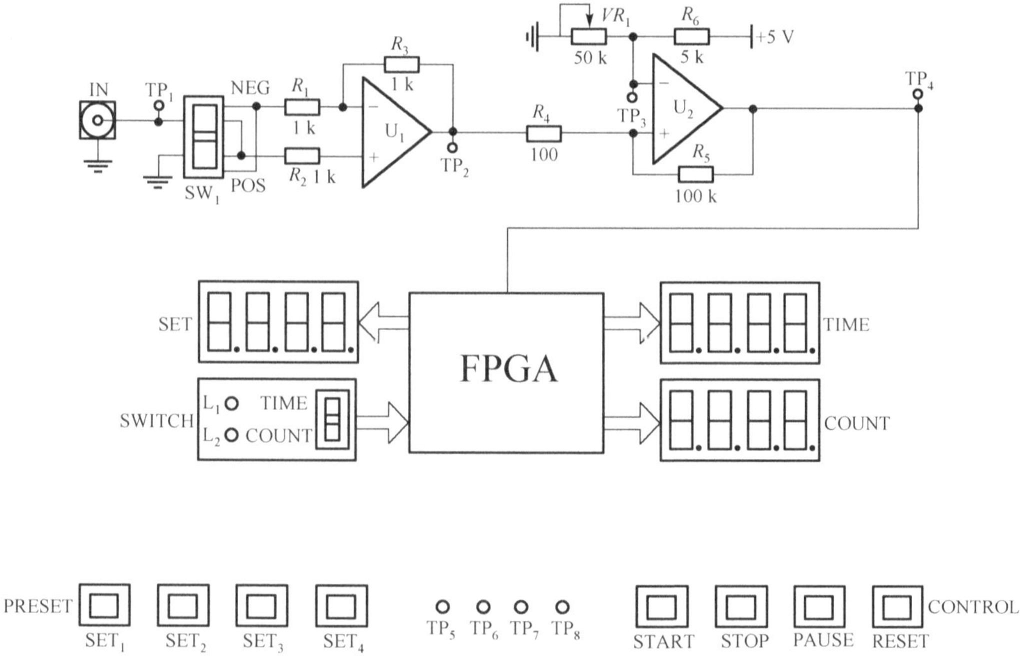

图 8-2 定标器实验模块简化电路原理图

极性转换电路：主要由开关 SW_1 和放大器 U_1 构成．若输入负脉冲信号则将 SW_1 拨到“NEG”端，信号从 U_1 同向端输入；若输入正负脉冲信号，则将 SW_1 拨到 POS 端，信号从 U_1 反相端输入．

阈值甄别电路：主要由 U_2 和 VR_1 组成．通过调节 VR_1 设置合适的甄别阈值，用于剔除噪声和不需要的信号．

控制显示电路：主要由 PRESET 组按钮（SET_1、SET_2、SET_3、SET_4）、CONTROL 组（START、STOP、PAUSE、RESET）、SWITCH 开关以及三组数码显示管组成．SET、TIME 和 COUNT 数码显示管构成了定标器显示模块．其中 PRESET 组按钮用于设置定时计数模式的时间或者定数的计时模式的计数．每按一次，SET 数码管相应位的数码管计数加一．START 按钮和 STOP 按钮用于启动和停止定标器的测量．PAUSE 按钮用于暂停测量或者暂停后重新启动测量．RESET 按钮用于复位定标器．SWITCH 开关用于选择定标器工作模式，具体工作模式如下．

定时计数：若希望测量一定时间内的脉冲信号数量，则应先将 SWITCH 开关拨至 TIME 端，开启定时计数功能（TIME 端 LED 指示灯亮表示正常工作）．同时可通过 PRESET 组按钮设置定标器定时时间，点击 START 按钮启动定时测量，PAUSE 按钮暂停或者继续定时计数测量，STOP 按钮来停止定时计数测量．

手动测量：对定标器复位后，直接点击 START 按钮启动测量，同时 TIME 和

COUNT 数码管分别显示测量过程中的测量时间及测量计数．在达到预期的测量目标之后便可通过 STOP 按钮停止手动测量模式．

数码管显示溢出：当数码管显示的计数超过 9999（即数码管所能显示的最大数值）之后，数码管将显示闪烁的 FFFF，标志计数溢出．

四、实验装置

（1）母板一台．

（2）定标器实验模块一块．

（3）DS1204B 示波器一台．

（4）DG4072 任意信号发生器一台．

五、注意事项

（1）电路工作时，实验模块不可带电插拔，实验结束后必须断开电源．

（2）使用探头时轻拿轻放，不得将探头放置于接电的实验箱之上．

（3）实验中要求记录波形的操作中均需以 PNG 格式存储示波器波形图，要求在原始数据记录单上记录相关波形，注意标注横轴纵轴的单位，并由实验指导老师检查签字．

六、实验内容

1. 测试信号

使用信号发生器产生 Gauss 波，设置频率 1 MHz，高电平 1.5 V，低电平 0 V，调节脉冲周期为 10 ms．记录并保存波形，实验中根据提示修改测试信号的各项参数，测试信号波形如图 8-3 所示．

2. 电路初始化

将测试信号加至定标器输入端 IN 处，将极性转换开关 SW_1 选择为 POS 端，调节阈值滑动变阻器 VR_1，使得 TP_3 处电压值为 500 mV，按下 START 键，观察到 TIME

显示为 5 s 时，按下 STOP 键停止计数，记录此时 COUNT 显示的计数值，按下 RESET 键复位，完成初始化操作.

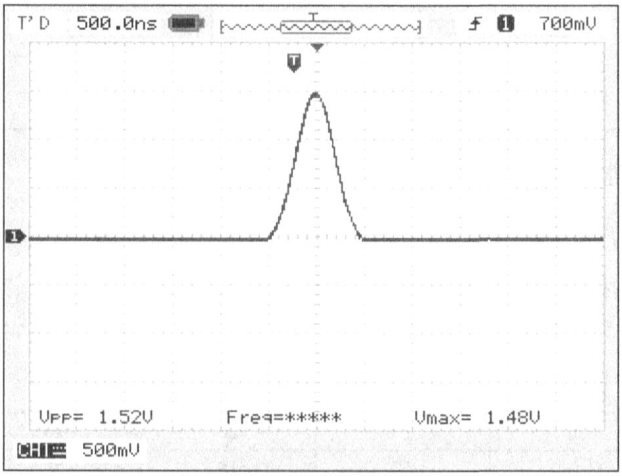

图 8-3　测试信号

3. 定时计数功能

将 SWITCH 开关选择为 TIME 端，依次调节测试信号的脉冲周期为 5 ms、10 ms、20 ms、100 ms. 设置 PRESET 的 SET_1～SET_4，使 SET 显示为 15 s. 按下 START 键开始计数，观察到 SET 显示开始闪烁时计数完成，分别记录各脉冲周期对应的计数值，计算计数率并与理论值进行比较（注意：每次测量完成后应将定标器复位并重新置数）.

脉冲周期/ms	5	10	20	100
定时时间/s	15	15	15	15
计数值				
实验计数率/s^{-1}				
理论计数率/s^{-1}				
相对偏差				

4. 定数计时功能

改变测试信号脉冲周期为 10 ms，将 SWITCH 选择为 COUNT 端，通过 PRESET 的 SET_1～SET_4 设置计数值依次为 500、1000、1500、2500，分别记录各计数值对应的计数时间，计算计数率并与理论值进行比较（注意：每次测量完成后应将定标器复位并重新置数）.

脉冲周期/ms	10	10	10	10
计数值	500	1000	1500	2500
计数时间/s				
实验计数率/s^{-1}				
理论计数率/s^{-1}				
相对偏差				

5. 手动测量功能

设置信号的脉冲周期为 20ms，按下 START 启动定标器，当计时时间为 5s 时按下 PAUSE 键，记录此时的计数值，再按下 PAUSE 键继续计数，当计时时间依次为 10s、15s、20s、25s 时重复上述步骤，记录对应的计数值，计算计数率并与理论值比较.

脉冲周期/ms	20	20	20	20	20
计数时间/s	5	10	15	20	25
计数值					
实验计数率/s^{-1}					
理论计数率/s^{-1}					
相对偏差					

七、思考题

请问能否使用定标器取代多道分析器实现能谱测量，如果能，请设计实验，如果不能，请说明为什么？

实验九

符合测量系统设计实验

一、实验目的

（1）掌握符合法测量放射源活度的原理.

（2）搭建一套符合测量 ^{22}Na 放射源活度的系统.

（3）掌握系统中每一个实验模块的功能.

二、实验原理

在核过程中，有许多在时间上相互关联的事件，这种相关事件往往反映了原子核内的许多运动规律，符合法就是研究这些相关事件的一种方法. 传统 γ-γ 符合测量中，探测器输出信号依次经过前置放大器、主放大器、单道脉冲幅度分析器，送入符合反符合电路和定标器中进行计数测量，系统结构框图如图 9-1 所示.

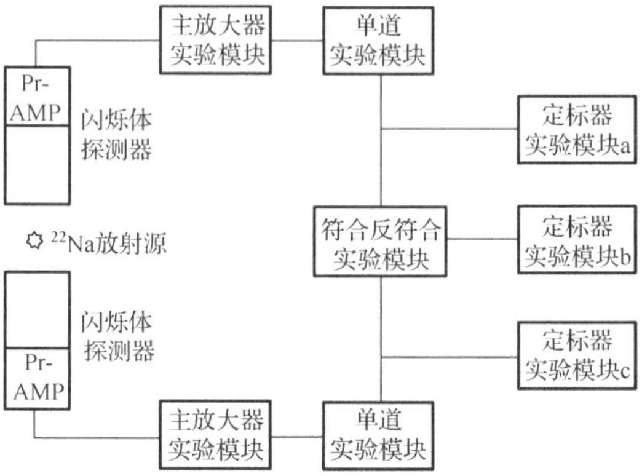

图 9-1　符合测量系统结构框图

实验搭建一套符合测量系统，测量 ^{22}Na 放射源活度，系统中可能用到主放大器实验模块、单道实验模块、符合反符合实验模块和定标器实验模块，它们的工作原理和调节方法请参考前面相关章节.

三、实验内容

（1）请画出 ^{22}Na 放射源的衰变纲图.

（2）分析衰变纲图，给出可以通过哪两条 γ 射线的符合测量来得到 ^{22}Na 放射源的活度，并推导出 ^{22}Na 活度的计算表达式.

（3）搭建一套用于 ^{22}Na 放射源活度测量的符合测量系统. 以探测器为起点，沿着信号传输的路径依次调节每一个实验模块. 测量并记录每一个实验模块的输出波形，并分析每个实验模块的功能以及输出波形是否正确. 使整个系统能够正常工作.

（4）符合法测量 ^{22}Na 放射源的活度，并计算测量误差，将结果与 ^{22}Na 放射源真实活度进行比较.

实验十

时间测量系统设计实验

一、实验目的

（1）掌握时间测量的原理和方法.

（2）搭建一套时间测量系统，以 ^{22}Na 放射源发生正电子湮没时产生两个同时的 511 keV γ 光子为基础测量该时间测量系统的时间分辨率.

（3）掌握时间测量系统中每一个实验模块的功能.

二、实验原理

核事件之间的时间间隔蕴藏着很多有用信息，例如，中子的飞行时间可以换算出中子的能量；正电子湮没寿命反映了材料的内部结构等[3]. 时间测量是核电子学中非常重要的一种测量方法，它可以分为两个部分：时间检出和时间数据变换. 常用的时间检出方法包含：前沿定时、过零定时、恒比定时和时间幅度补偿定时等. 常用的时间信息变换方法包含：计数式时间-数码变换、游标卡尺计时器、时间幅度变换等. ^{22}Na 放射源衰变产生的正电子在湮没过程中会同时发射两个互成 180°角的 511 keV γ 光子. 如果将两个闪烁体探测器对立与 ^{22}Na 放射源放置在同一条直线上，那么这两个 511 keV γ 光子将在同一时间分别进入两个闪烁体探测器. 如果它们都与闪烁晶体发生相互作用，那么两个闪烁体探测器将输出两个几乎同时的脉冲信号. 将其中一个输出信号作为开始信号，另一个输出信号经过延时线产生一个固定延时后作为停止信号，测量这两个信号之间的时间间隔分布便可得到整体时间测量系统的时间分辨率. 时间测量系统的结构框图如图 10-1 所示.

实验搭建一套时间测量系统，以 ^{22}Na 放射源为基础测量系统的时间分辨率. 系统中可能用到主放大器实验模块、时间检出实验模块和 TDC 实验模块，它们的工作原理和调节方法请参考前面相关章节和仪器使用说明书.

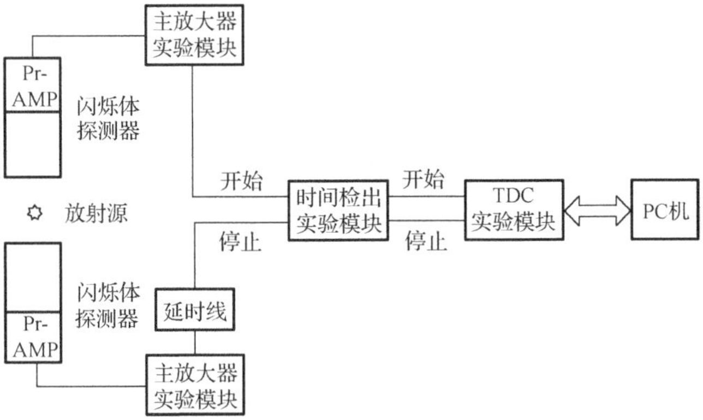

图 10-1　时间测量系统框图

三、实验内容

（1）请画出 ^{22}Na 放射源的衰变纲图. 给出两条 511 keV γ 射线之间的特征关系.

（2）搭建一套时间测量系统. 以探测器为起点，沿着信号传输的路径依次调节每一个实验模块. 测量并记录每一个实验模块的输出波形，并分析每个实验模块的功能以及输出波形是否正确. 使整个系统能够正常工作.

（3）测量前沿定时和过零定时两种不同时间检出方法所对应的系统时间分辨率，并分析时间分辨率好坏的原因.

实验十一

能谱测量系统设计实验

一、实验目的

（1）掌握γ能谱测量的原理和方法.

（2）搭建一套γ能谱测量系统，测量放射源的γ能谱.

（3）掌握能谱测量系统中每一个实验模块的功能.

二、实验原理

传统能谱测量系统主要包含：探测器、高压、前置放大器、主放大器、多道分析器、数据传输电路和 PC 机，其结构框图如图 11-1 所示. 放射源发射的γ射线进入探测器中与探测器活性区域发生相互作用，使探测器输出脉冲信号. γ射线在探测器中损失的能量越多，探测器输出脉冲信号幅度越大. 探测器输出脉冲信号经过前置放大器放大后通过电缆输入主放大器. 主放大器对信号进行滤波成形和再次放大后送入多道分析器中完成幅度的模数变换并将测量结果通过数据传输电路发送到 PC. 安装在 PC 机上的能谱分析软件对每个脉冲信号的幅度进行统计，最终完成能谱测量.

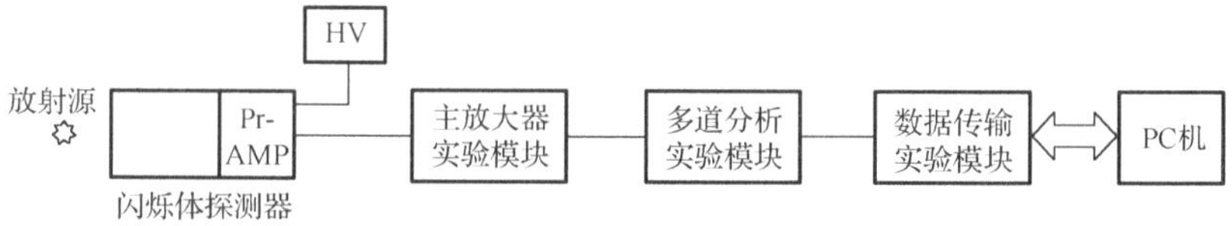

图 11-1　能谱测量系统结构框图

实验搭建一套能谱测量系统，测量常用γ放射源的能谱，并求出每个全能峰的能量分辨率．系统中可能用到主放大器实验模块、多道分析器实验模块和数据传输实验模块，它们的工作原理和调节方法请参考前面相关章节和仪器使用说明书．

三、实验内容

（1）搭建一套γ射线能谱测量系统．以探测器为起点，沿着信号传输的路径依次调节每一个实验模块．测量并记录每一个实验模块的输出波形，并分析每个实验模块的功能以及输出波形是否正确．使整个系统能够正常工作．

（2）分别使用 ^{137}Cs、^{60}Co 或者 ^{22}Na 作为γ放射源，测量其相应γ能谱．

（3）计算能谱中各全能峰的能量分辨率．

参 考 文 献

[1] http://cn.rigol.com/Support/Manual/1.

[2] 王经瑾. 核电子学. 北京: 中国原子能出版社, 1983.

[3] 诺尔. 辐射探测与测量. 北京: 中国原子能出版社, 1988.

附录一

测 试 信 号

测试信号说明

核电子学实验中主要用到了三种信号波形，以下对这三种信号波形的主要特征进行详细地描述.

1. 方波信号

实验中使用的方波信号波形如图附 1-1 所示，其信号幅度为 100 mV，信号宽度为 2 μs，两个信号脉冲之间的时间间隔（脉冲周期）为 10 ms.

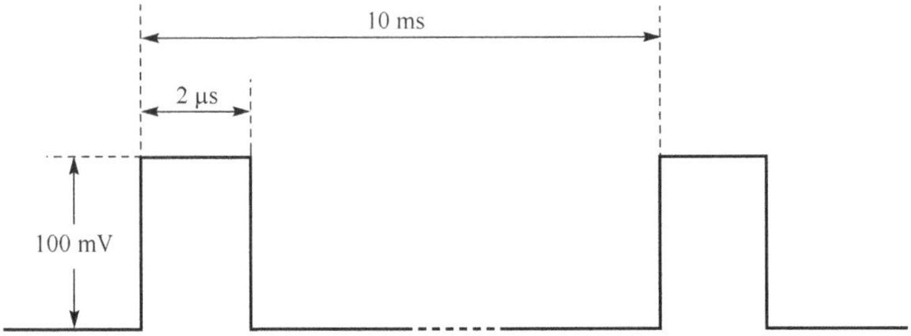

图附 1-1　方波信号波形

2. Gauss 波信号

实验中所使用的 Gauss 波信号波形如图附 1-2 所示，其信号幅度为 1.5 V，信号宽度为 1 μs，信号的上升时间和下降时间（10%～90%）为 300 ns，脉冲周期为 10 ms.

3. 相对延时 500 ns 的 Gauss 波信号

实验中所使用的 Gauss 波信号与 2 中波形相同，各项参数也相同. 由任意信号发生器的两个信号通道同时输出两个相对延时时间为 500 ns 的 Gauss 波，如图附 1-3 所示.

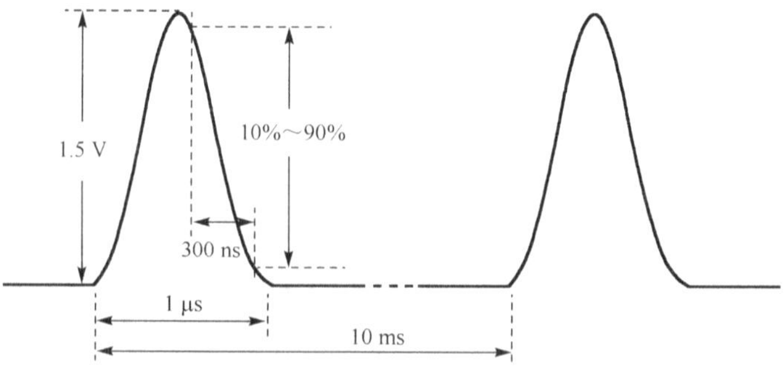

图附 1-2　Gauss 波信号波形

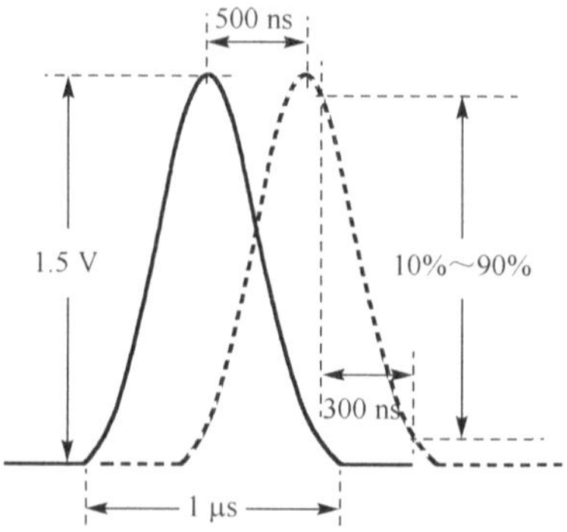

图附 1-3　相对延时 500 ns 的 Gauss 波信号

附录二

信号发生器和示波器使用中常见问题

1. 示波器观测不到信号

序号	可能的原因	解决办法
1	任意信号发生器通道 Output 未打开	打开 Output 开关
2	示波器通道开关未打开	打开通道开关
3	示波器触发的信号源选择不对	将触发源选择为想要观测的信号通道
4	触发点超出屏幕范围，导致信号不在屏幕范围之内	按下水平设置框内的 POSITION 旋钮，使信号的触发点回到屏幕中央
5	同轴电缆线损坏	用万用表检测同轴电缆线，确认损坏的情况下更换电缆线

2. 示波器所观测到的信号波形与预计的波形差别很大

序号	可能的原因	解决办法
1	信号发生器中波形参数设置不正确	检查波形参数，将其设置正确
2	从信号发生器的 Sync 端口引出信号	连接 Output 端口
3	探头的补偿开关设置为×10，或者通道菜单探头选项设置为×10	将这两个地方都设置为×10
4	通道菜单耦合选项设置为交流耦合	修改为直流耦合
5	信号发生器面板上 Burst 按键未高亮	单击 Burst 按键，使其高亮

3. 观测到的信号波形不稳定

序号	可能的原因	解决办法
1	触发电平设置不正确	调节触发电平
2	示波器触发的信号源选择不对	将触发源选择为想要观测的信号通道
3	示波器探头的接地夹未连接到地上，造成信号噪声大	将探头的接地夹连接到地上
4	示波器的垂直标尺和水平标尺设置不合理，导致信号不能被完整观测	调节垂直标尺和水平标尺

4. 两路相对延时信号只能看到其中一路

序号	可能的原因	解决办法
1	信号发生器或者示波器中某一路信号的通道开关未打开	检查两路信号的所有通道开关
2	信号发生器没有打开同相位功能	打开同相位开关

附录三

非线性及其测量

常用的核电子学电路一般都是线性系统，也就是说常用的核电子学电路其输入量 *In* 和输出量 *Out* 之间满足线性关系 $Out=k\times In+b$．但实际的电路总存在一定的非线性，下面以一个放大器为例介绍一下如何测量电路的非线性．对于一个放大倍数固定的放大器电路，其输出信号幅度随输入信号幅度增大呈线性增长．当输入信号幅度达到某一数值 V_{imax} 后，输出信号幅度的增加明显减慢，甚至出现平顶达到 V_{omax}，如图附 3-1 所示．将实际输入输出曲线的最大值（V_{imax} V_{omax}）与坐标原点（输入为 0 时输出为 0）相连的直线作为理想的输出幅度特性曲线，如图附 3-2 所示．每一个实际输出幅度的非线性系数可以由公式（附 3-1）得到．

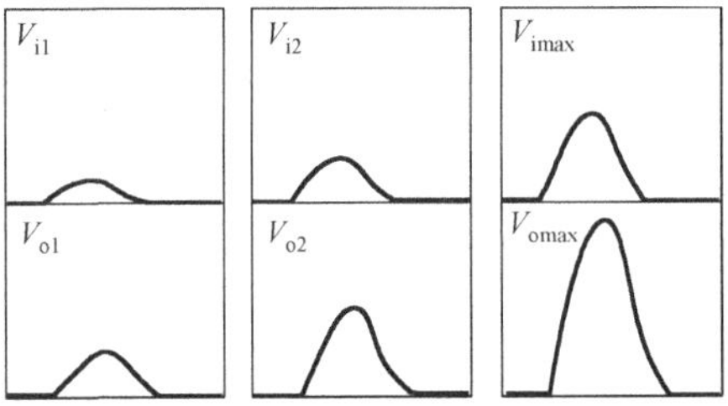

图附 3-1　过冲

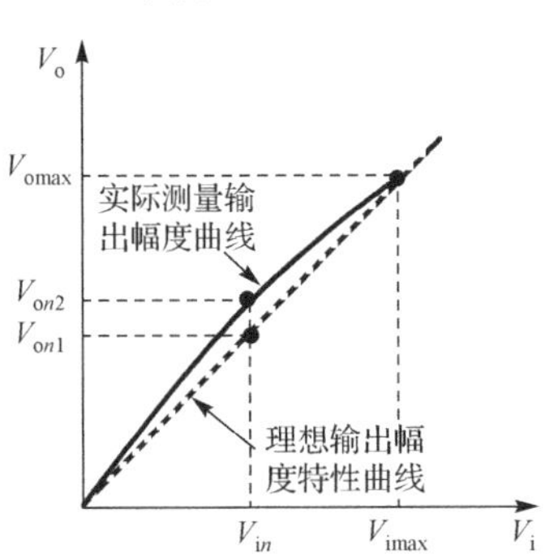

图附 3-2　放大器输入信号幅度与输出信号幅度的关系

$$\varepsilon_n = \left| \frac{V_{on2} - V_{on1}}{V_{o\max}} \right| \times 100\% \qquad (附 3-1)$$

式中 V_{on2} 和 V_{on1} 分别为输入信号幅度为 V_{in} 时放大器的实际输出信号幅度和理想输出信号幅度．对于不同的 V_{in} 可以得到相对应的非线性系数 ε_n，将其中最大的定义为积分非线性系数．测量系统的积分非线性系数时，为了得到较准确的结果，应该将输入量以等步长由小逐渐增大，尽量取较小的步长以获得足够多的实验数据，实验中我们一般要求至少测量十组数据．

附录四

耦　　合

耦合是电路级与级之间的连接方式，常见的有四种耦合方式：直流耦合、交流耦合、变压器耦合和光电耦合．以下简单介绍直流耦合与交流耦合．

直流耦合：将前一级的输出端直接连接到后一级的输入端，称为直流耦合，如图附 4-1(a)所示．由于采用直流耦合的各级之间直流通路相连，所以静态工作点相互影响，这就给电路的分析、设计和调试带来一定困难．在求解静态工作点时，应写出直流通路中各个回路的方程，然后求解．在实际应用时，拟采用计算机软件辅助分析．直流耦合的突出优点是具有良好的低频特性，可以放大变化缓慢的信号；并且由于电路中没有大容量的电容，所以易于将全部电路集成在一块单硅片上，构成集成放大电路．

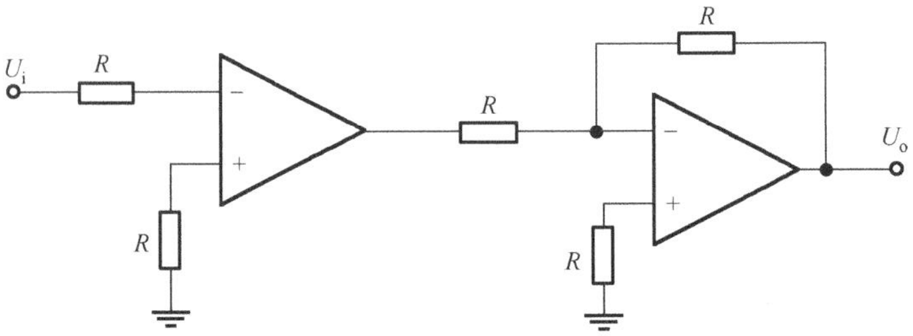

(a) 直流耦合

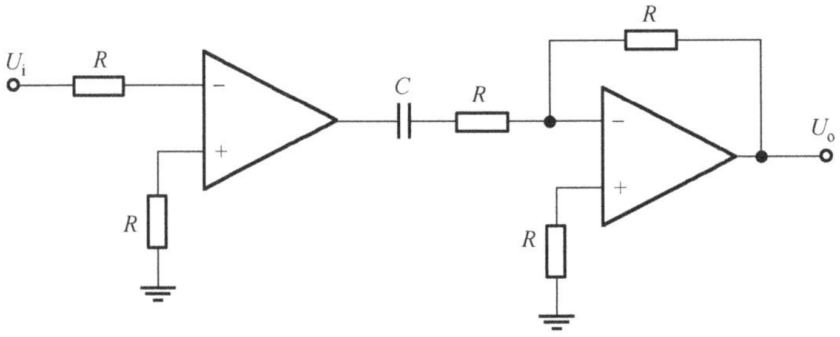

(b) 交流耦合

图附 4-1　直流耦合和交流耦合简化原理图

交流耦合：将放大电路的前级输出端通过电容接到后级输入端的方式称为交流耦合方式，如图附 4-1(b)所示．由于电容对直流量的阻抗为无穷大，所以交流耦合放大电路各级之间的直流通路不相通，各级静态工作点相互独立，在求解或实际调试电路时可按单级处理，所以电路的分析、设计和调试简单易行．而且，只要输入信号频率较高，耦合电容容量较大，前级输出的信号就可以几乎没有衰减地传递到后级的输入端，因此，分立元件电路中的交流耦合方式得到非常广泛的应用．另外交流耦合的高频特性好，通常应用于信号频率很高，输出功率很大的情况下．

在核电子学实验中，示波器通道参数设置的耦合方式选项可以选择直流耦合或者交流耦合．实验中要求全部选择直流耦合．若选择交流耦合，示波器将无法观测到信号的直流分量，造成观测到的信号与实际信号差别较大．

附录五

单稳态触发器

单稳态触发器只有一个稳定状态和一个暂稳态．在外加脉冲的作用下，单稳态触发器可以从一个稳定状态翻转到一个暂稳态．由于电路中 *RC* 延时电路的作用，该暂稳态维持一段时间后又回到原来的稳态，暂稳态维持的时间 T 取决于 *RC* 参数值，$T=0.7RC$．基本的单稳态触发器电路如图附 5-1 所示．

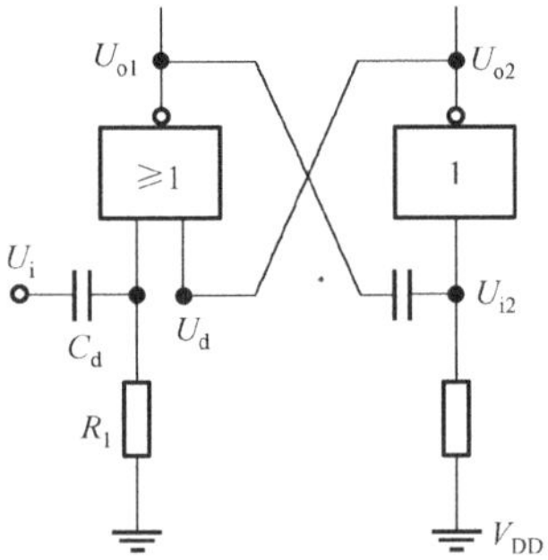

图附 5-1　单稳态触发器电路图

图附 5-2 为本实验所采用的 74LS221 芯片的示意图．其中 CLR 端为清零端，为低电平时单稳态输出为固定的电平，A、B 端为输入端，A 端为下降沿有效，B 端为上升沿有效，Q 端输出正脉冲，其反相端输出负脉冲．单稳态触发器 74LS221 的功能表如下．

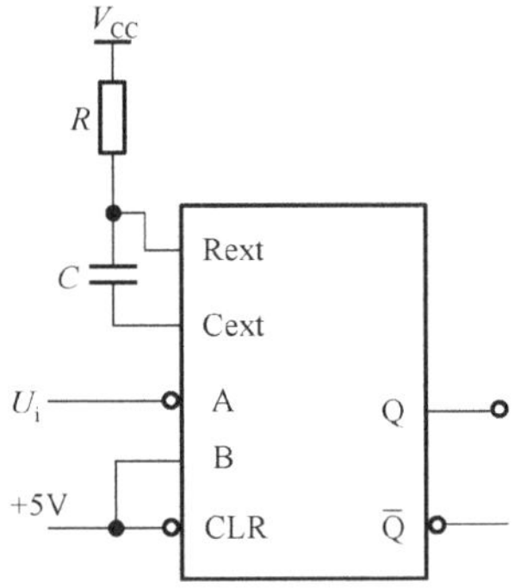

图附 5-2　74LS221

单稳态触发器 74LS221 的功能表

INPUTS			OUTPUTS	
CLEAR	A	B	Q	$\bar{Q}$
L	X	X	L	H
X	H	X	L	H
X	X	L	L	H
H	L	↑	⊓	⊔
H	↓	H	⊓	⊔
↑	L	H	⊓	⊔

说明：H 表示高电平，L 表示低电平，X 表示任意电平，上升、下降箭头分别表示上升沿和下降沿

附录六

D 触发器

维持阻塞式边沿 D 触发器的逻辑符号如图附 6-1 所示.

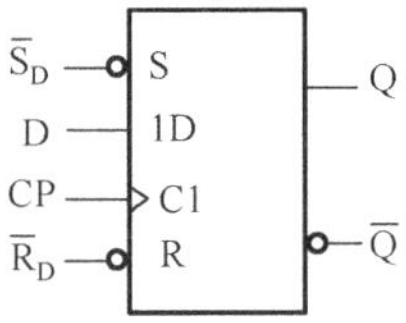

图附 6-1　D 触发器

该触发器由六个与非门组成，其中 G_1、G_2 构成基本 RS 触发器，G_3、G_4 组成时钟控制电路，G_5、G_6 组成数据输入电路，如图附 6-2 所示．$\overline{R}_D$ 和 $\overline{S}_D$ 分别是直接置 0 和直接置 1 的控制端，有效电平为低电平．分析工作原理时，设 $\overline{R}_D$ 和 $\overline{S}_D$ 均为高电平，不影响电路的工作.

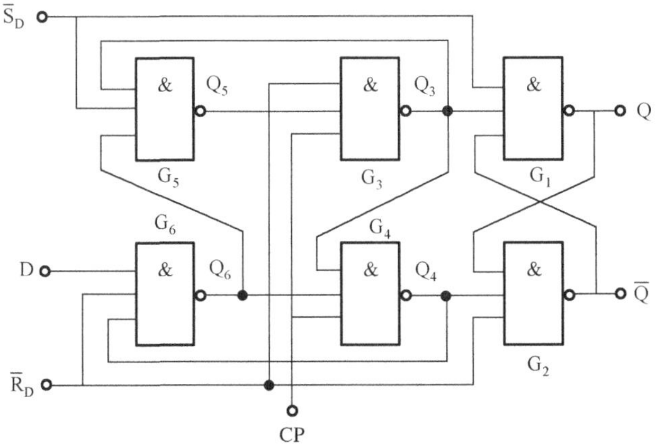

图附 6-2　D 触发器原理电路图

CP=0 时，与非门 G_3 和 G_4 封锁，其输出为 1，触发器的状态不变．同时，由于

Q_3至G_5和Q_4至G_6的反馈信号将这两个门G_5、G_6打开，因此可接收输入信号D，使$Q_6=\overline{D}$，$Q_5=\overline{Q}_6=D$.

当CP由0变1时，门G_3和G_4打开，它们的输出Q_3和Q_4的状态由G_5和G_6的输出状态决定．$Q_3=\overline{Q}_5=\overline{D}$，$Q_4=\overline{Q}_6=D$．由基本RS触发器的逻辑功能可知，Q=D.

触发器翻转后，在CP=1时输入信号被封锁．G_3和G_4打开后，它们的输出Q_3和Q_4的状态是互补的，即必定有一个是0，若Q_4为0，则经G_4输出至G_6输入的反馈线将G_6封锁，即封锁了D通往基本RS触发器的路径；该反馈线起到了使触发器维持在0状态和阻止触发器变为1状态的作用，故该反馈线称为置0维持线，置1阻塞线．G_3为0时，将G_4和G_5封锁，D端通往基本RS触发器的路径也被封锁；G_3输出端至G_5反馈线起到使触发器维持在1状态的作用，称作置1维持线；G_3输出端至G_4输入的反馈线起到阻止触发器置0的作用，称为置0阻塞线．因此，该触发器称为维持阻塞触发器．

当$\overline{S}$为0、$\overline{R}$为1时，将基本RS触发器Q端置1．当$\overline{S}$为1、$\overline{R}$为0时，基本RS触发器Q端被复位为0．当$\overline{R}$为0、$\overline{S}$为0时，由于与非门G_1、G_2的作用，Q和$\overline{Q}$端均被置1．以下是D触发器功能表．

D触发器功能表

输入			输出		
$\overline{S}$	$\overline{R}$	CP	D	Q	$\overline{Q}$
L	H	X	X	H	L
H	L	X	X	L	H
L	L	X	X	H	H
H	H	↑	H	H	L
H	H	↑	L	L	H
H	H	L	X	保持	保持

说明：H为高电平；L为低电平；X为无论高低；↑为信号上升沿；“保持”为保持原状态不变

附录七

TDC-GP2 芯片简介

TDC-GP2 芯片的工作原理如图附 7-1 所示，利用信号传播过程中的延时现象，而衍生出的一种短时间间隔的测量方法．让信号通过一系列的延时单元，然后对延时进行量化，依靠延时单元的延时稳定性，从而实现对时间间隔的测量．该方法同时兼顾了结构简单和测量精度两个方面．

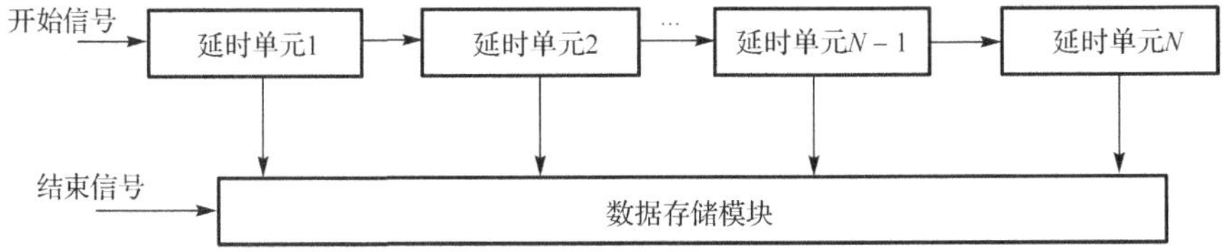

图附 7-1　TDC-GP2 芯片的工作原理图

开始信号与结束信号之间的时间间隔由延时单元数决定，而延时单元的延迟可以由集成电路工艺精确地确定．

从图附 7-2 可以看出，当结束信号到来时，对延时单元的数据进行采样锁存，即可得知开始信号通过了几个延时单元，根据其通过的延时单元数目，就可以测量出待测的时间间隔，如表达式（附 7-1）

$$T_x = N \times T \qquad \text{（附 7-1）}$$

式中，T_x 是待测时间间隔，N 是通过的延时单元数目，T 为单个延时单元的延时．用这种方法进行时间测量，其精度由延时单元的延时决定．

TDC-GP2 是德国 ACAM 公司继 TDC-GP1 之后新推出的一款高精度时间间隔测量芯片．与前代芯片相比，具有更高的精度、更小的封装和更低的价格，更适合于低成本工业应用领域．TDC-GP2 芯片有两种测量模式：第一种模式测量精度 50 ps，测量范围 0～1.8 μs，一个 Start 通道两个 Stop 通道，每个 Stop 通道可进行四次采样，间隔脉冲队分辨能力为 15 ns；第二种模式测量精度 50 ps，测量范围 500 ns～4 ms，一个 Start 通道和一个 Stop 通道，每个 Stop 通道可进行三次采样．实验选用的是第一种测量模式，所以请注意测量范围．

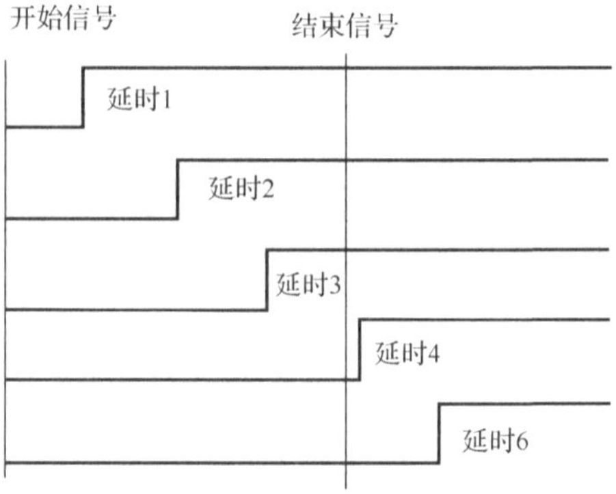

图附 7-2　时间间隔测量原理图

附录八

SR 锁存器

SR 锁存器是一种对电平敏感的存储单元电路．把两个与非门 G_1、G_2 的输入、输出端交叉连接，即可构成基本 RS 锁存器，如图附 8-1 所示．它有两个输入端 R、S 和两个输出端 Q、$\overline{Q}$．

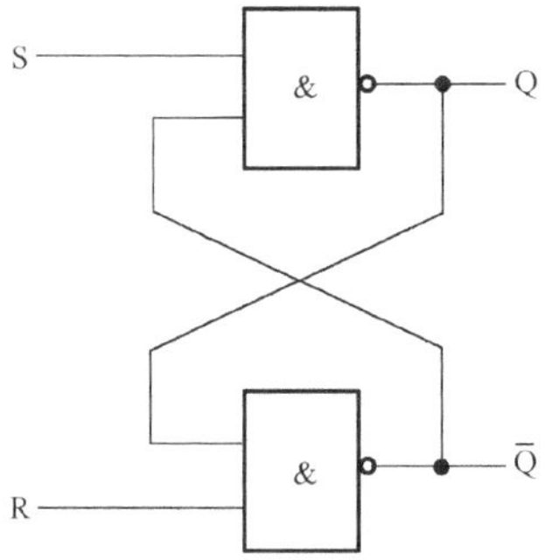

图附 8-1　SR 锁存器原理图

基本 SR 锁存器的逻辑方程为：$Q_{n+1}=\overline{S}+R\cdot Q_n$．根据电路图可以看出，当 S=0 时，Q=1 不变，因此称 S 端为置 1 端；而 R=0，S=1 时，锁存器置 0，或称复位．因此称 R 端为置 0 端或复位端．若锁存器原来为 1 态，欲使之变为 0 态，必须令 R 端的电平由 1 变 0，S 端的电平由 0 变 1．当 S=R=1 时，锁存器的状态保持不变；当 S=R=0 时，$Q=\overline{Q}=1$，锁存器的下一个状态不确定，因此要避免此情况发生．SR 锁存器的功能表如下：

SR 锁存器功能表

输入		输出	
S	R	Q	$\overline{Q}$
0	0	1	1
0	1	1	0
1	1	1	0
1	0	0	1

附录九

电荷灵敏度

图附 9-1 为电荷灵敏前置放大器的原理图. 由于半导体探测器的结电容 C_d 随外界温度和外界偏压而改变，所以输出信号的幅度不稳定，给能谱测量带来很大困难. 为解决此问题，需要使用电荷灵敏前置放大器，如图附 9-1 所示. 其中 C_d 是半导体探测器的结电容，C_r 是放大器的输入电容和分布电容之和. C_f 为反馈电容. 如将反馈回路的电容等效到输入端，则输入端的总电容为 $C_d+C_r+(1+A_0)C_f$. 当半导体探测器输出电荷量为 Q 时，在放大器输入端形成的信号电压为

$$U_{sr}=\frac{Q}{C_d+C_r+(1+A_0)C_f} \qquad (附\ 9\text{-}1)$$

如果满足条件 $A_0 \gg 1$，$(1+A_0)C_f \gg C_d+C_r$，则

$$U_{sr}\approx\frac{Q}{A_0C_f} \qquad (附\ 9\text{-}2)$$

放大器的输出信号幅度为

$$U_{sc}=-A_0U_{sr}=-\frac{Q}{C_f} \qquad (附\ 9\text{-}3)$$

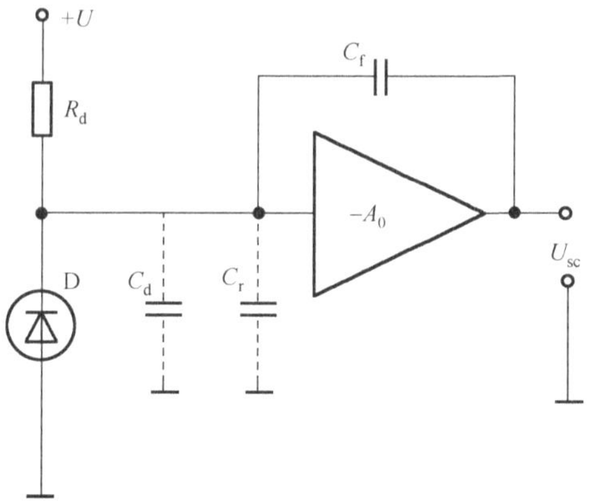

图附 9-1　电荷灵敏电前置放大器

由此可见只要满足上述条件，电荷灵敏前置放大器的输出信号幅度就仅与探测器输出的电荷量 Q 成正比，而与探测器的结电容 C_d 和放大器的输入电容 C_r 无关. 输入单位电荷所产生的输出电压值为 $U_{sc}=-1/C_f$. $-1/C_f$ 称为电荷灵敏度，它表示单位电荷所产生的输出信号幅度. 由此可见，要提高输出信号幅度，应选择较小的 C_f 值.

附录十

前置放大器实验模块原理图

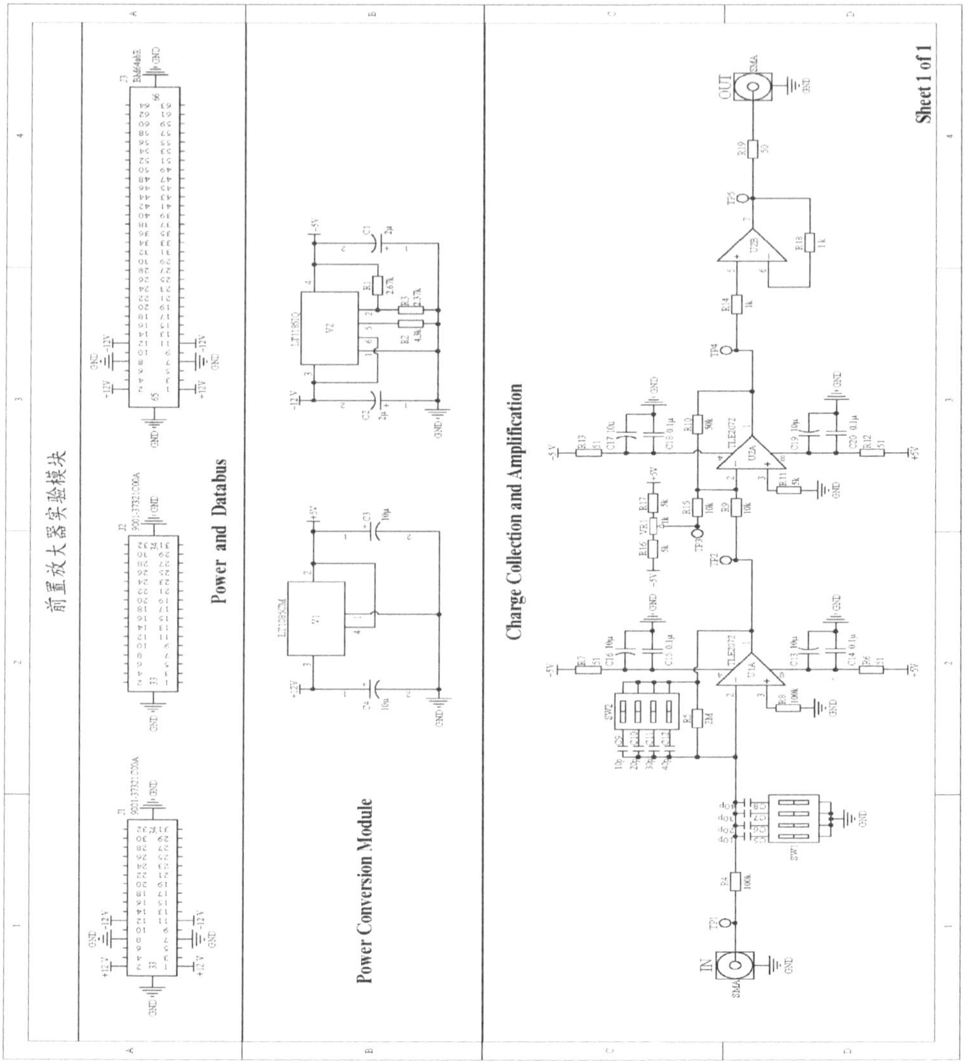

主放大器实验模块原理图

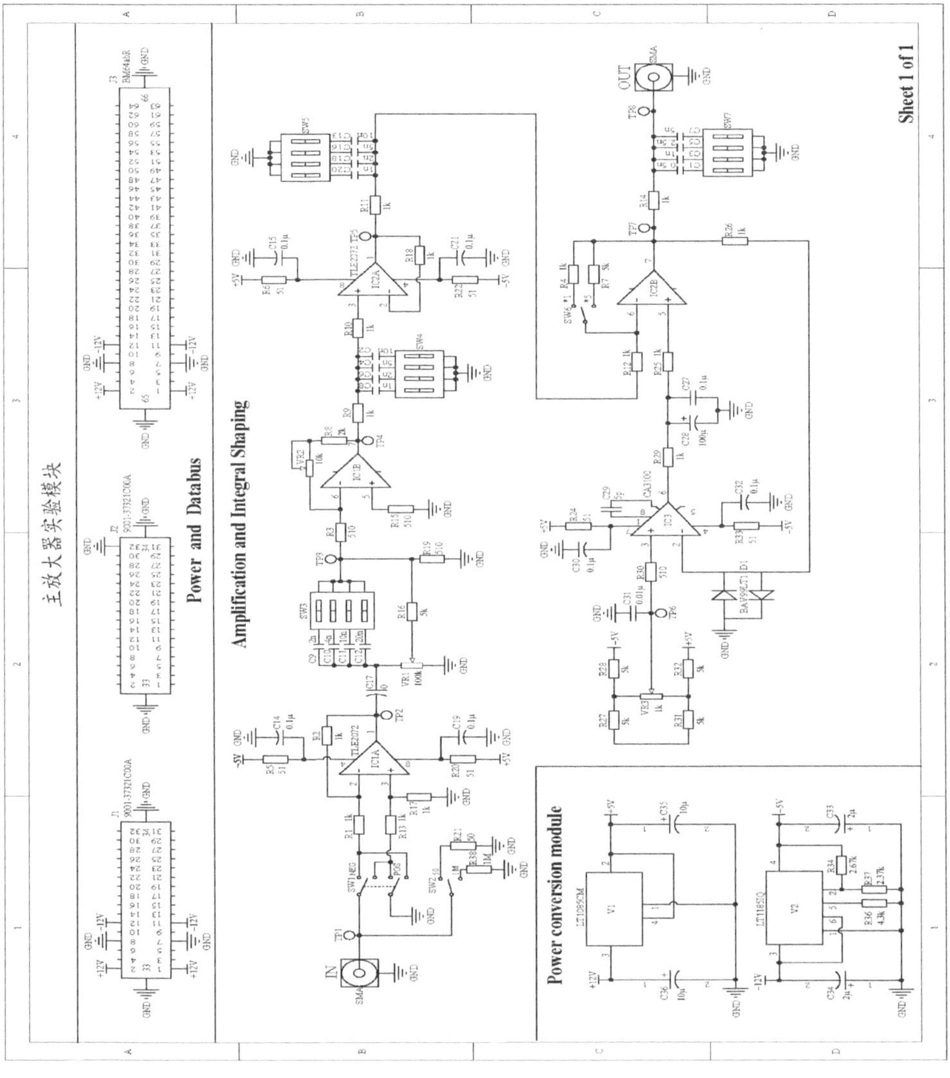

附录十二

单道实验模块原理图

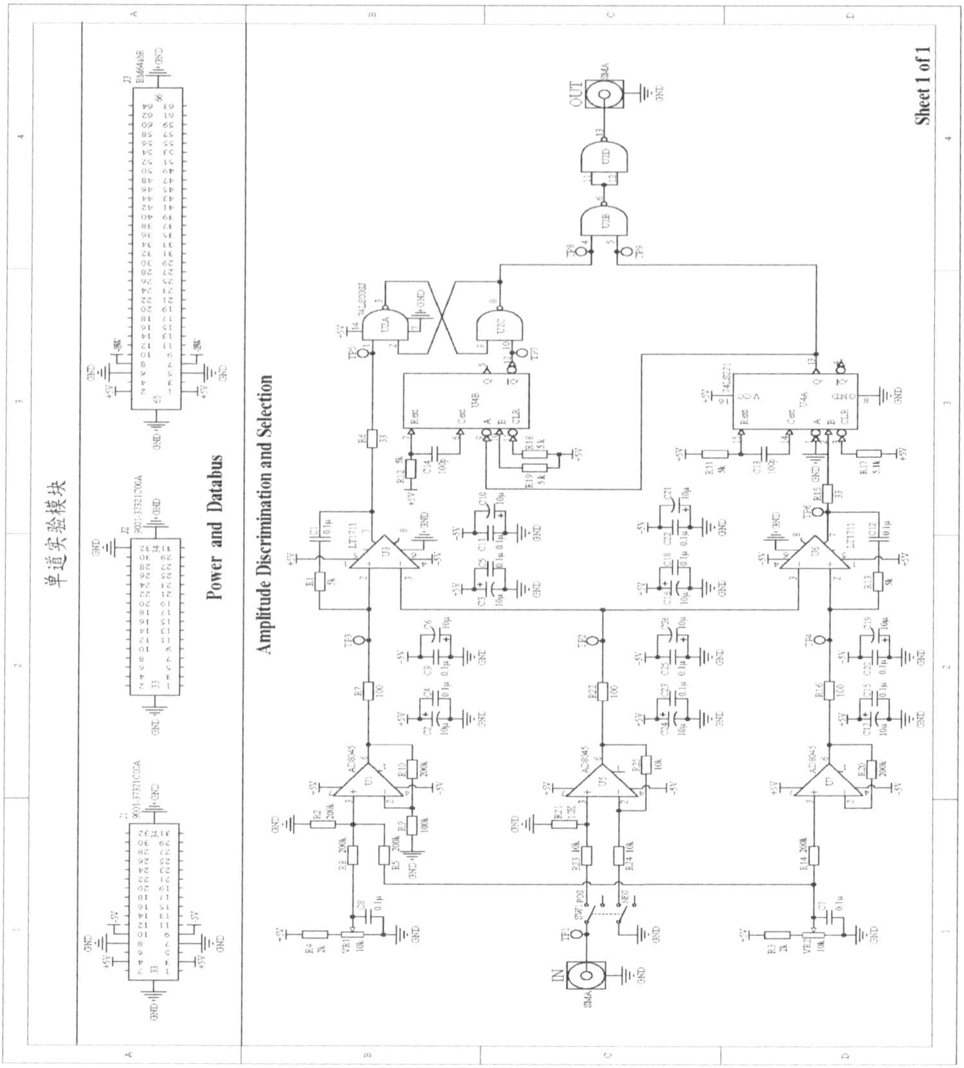

附录十三

多道实验模块原理图

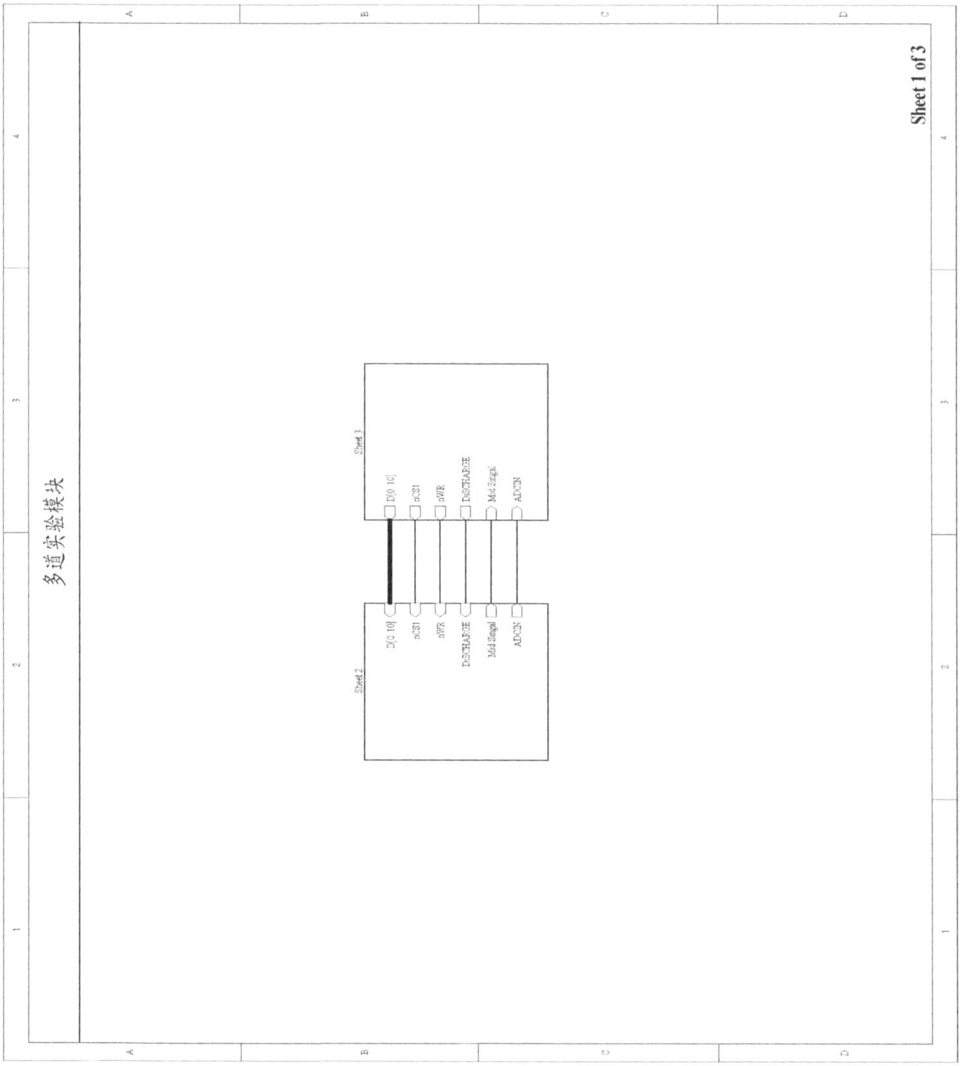

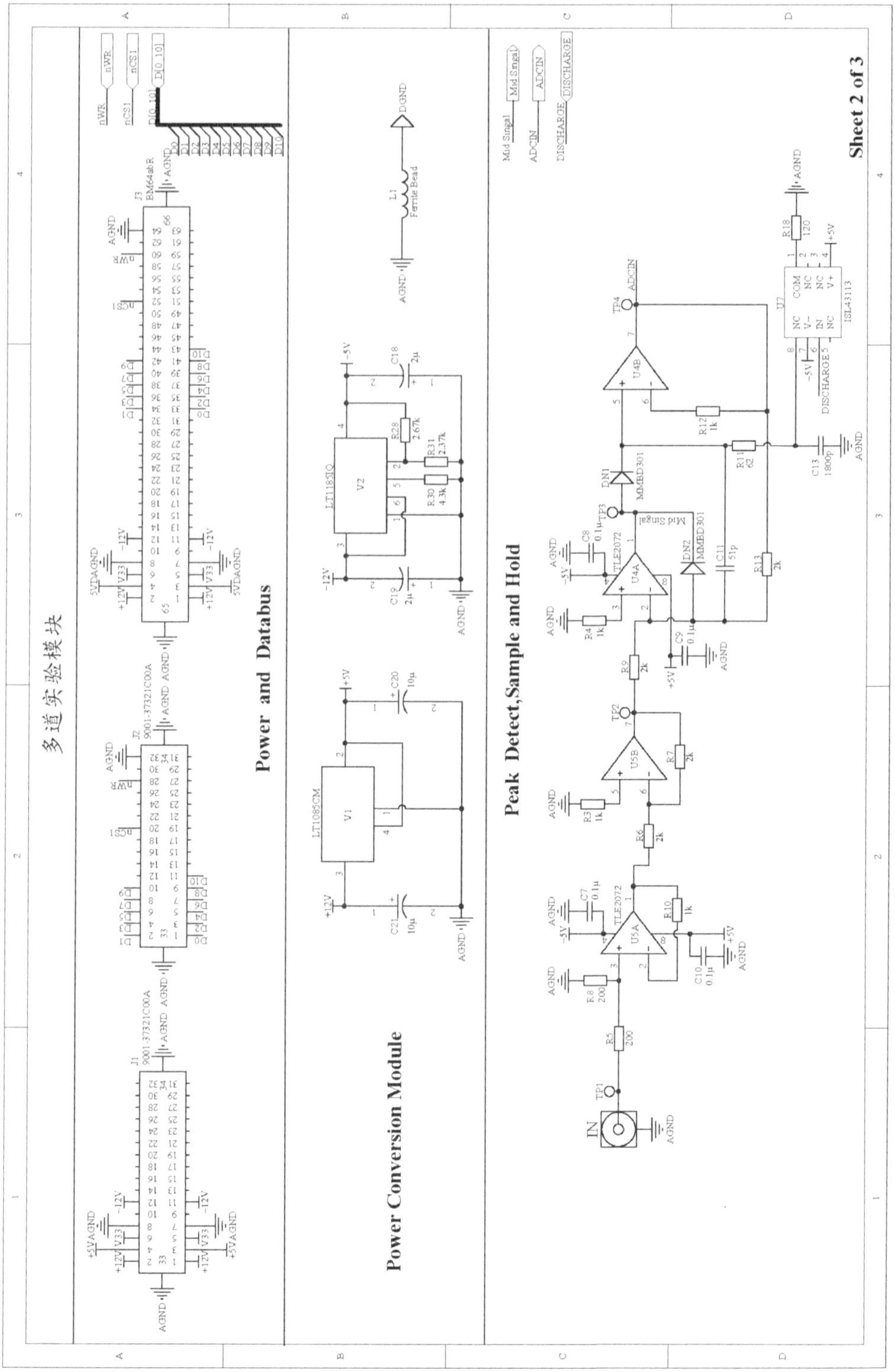
多道实验模块
Power and Databus
Power Conversion Module
Peak Detect,Sample and Hold
Sheet 2 of 3

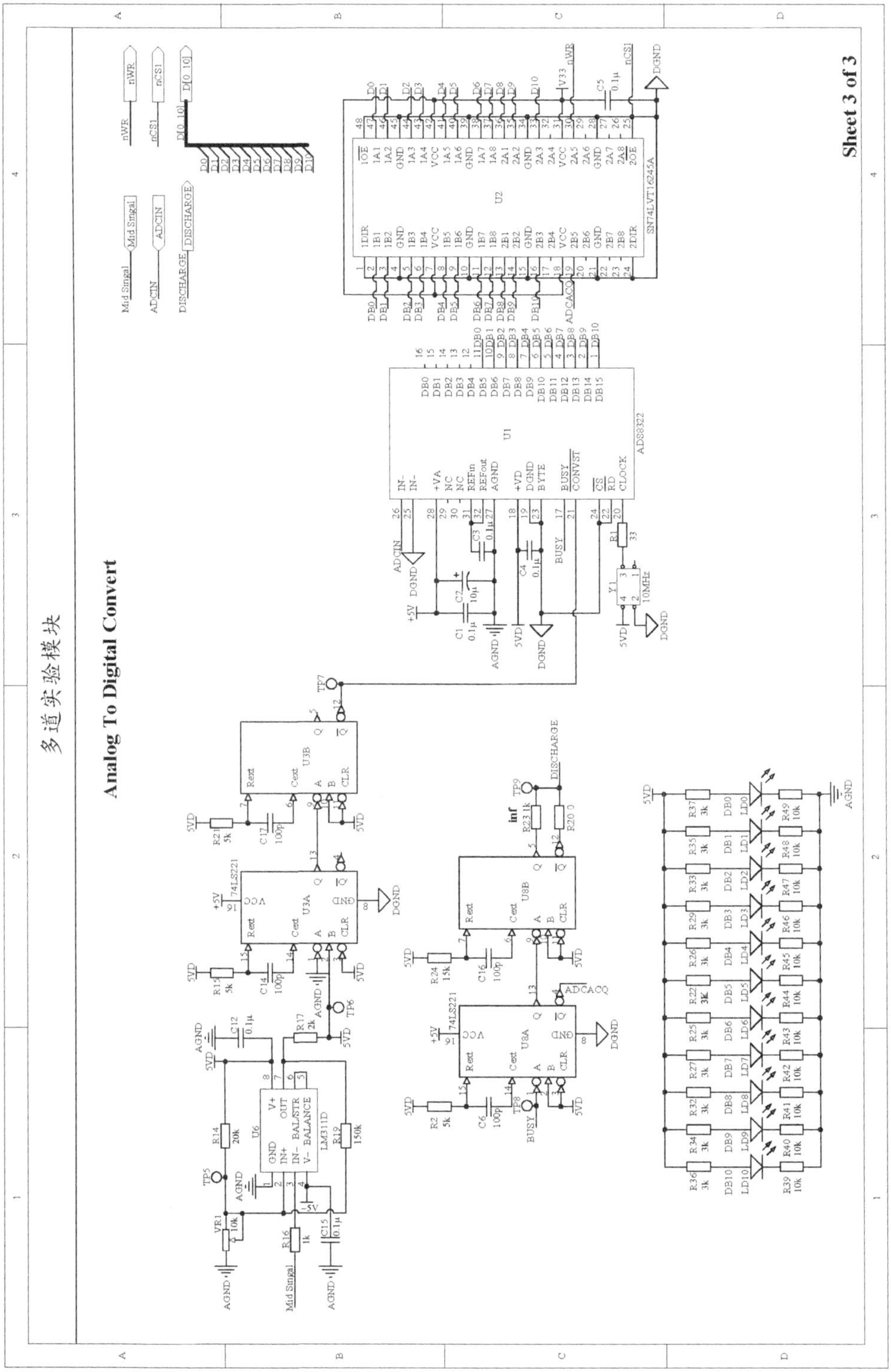
多道实验模块
Analog To Digital Convert
Sheet 3 of 3
SN74LVT16245A
ADS8322
74LS221
LM311D

附录十四

过零定时实验模块原理图

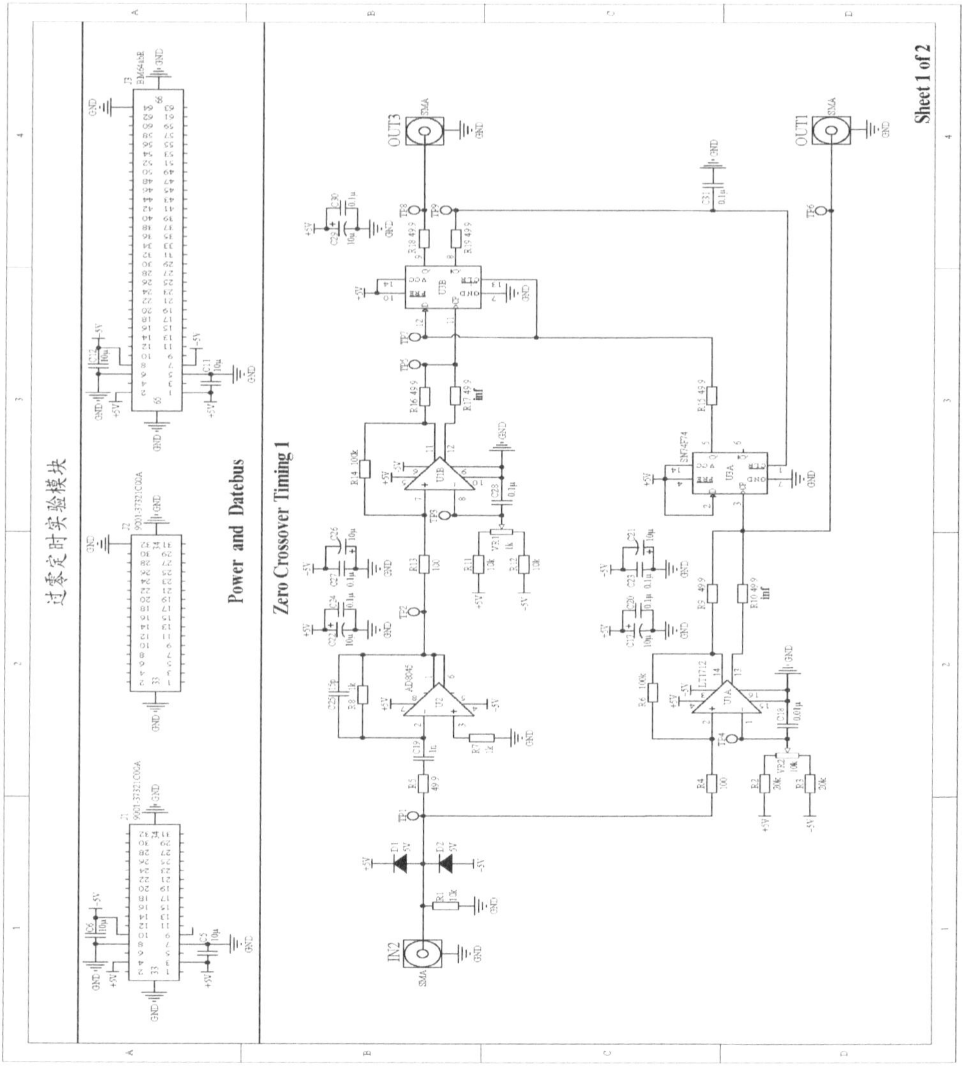

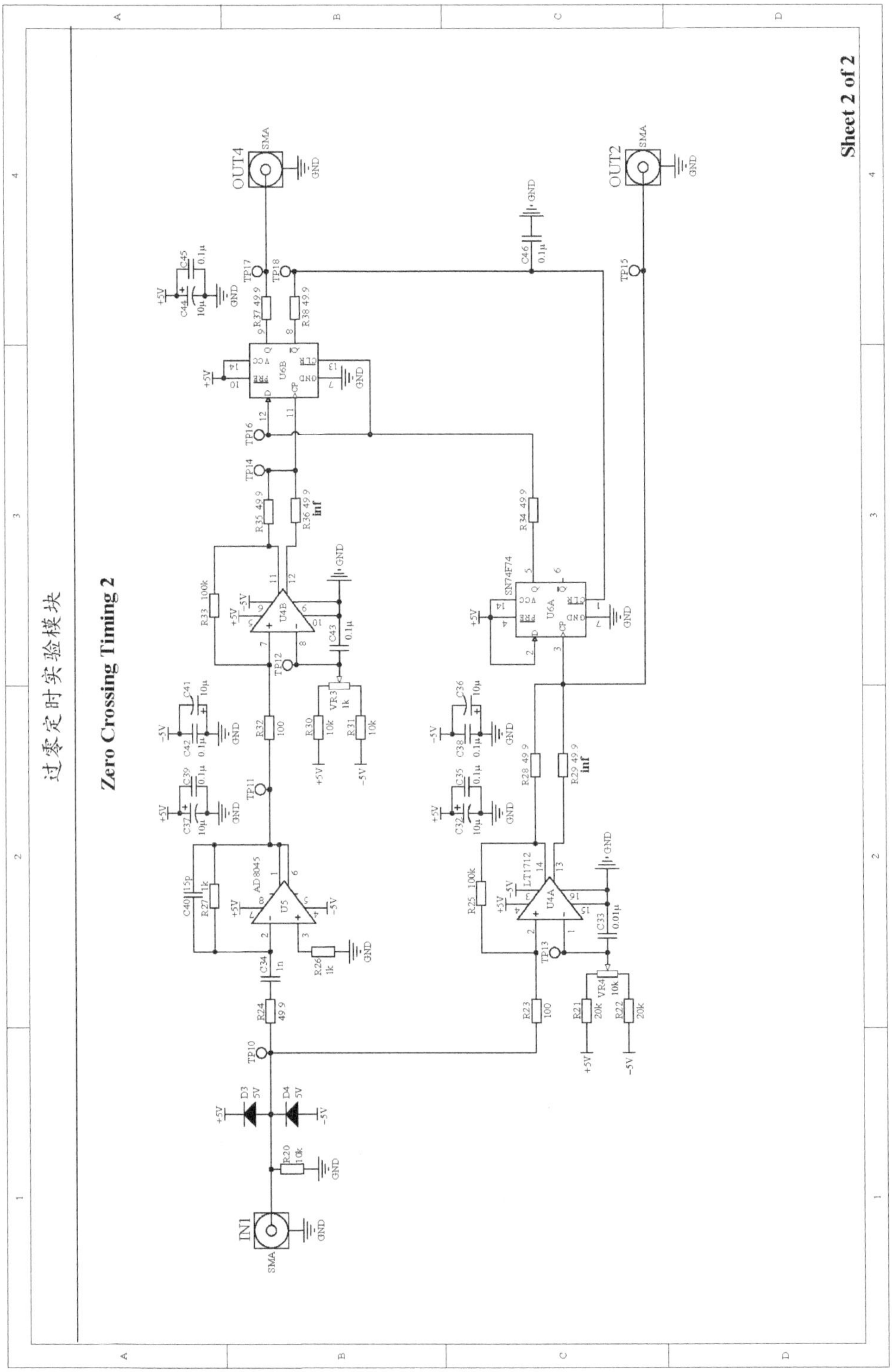

过零定时实验模块
Zero Crossing Timing 2
Sheet 2 of 2
IN1
SMA
OUT4
OUT2
AD8045
LT1712
SN74F74
U4A
U4B
U5
U6A
U6B
GND
+5V
-5V

附录十五

时数转换实验模块原理图

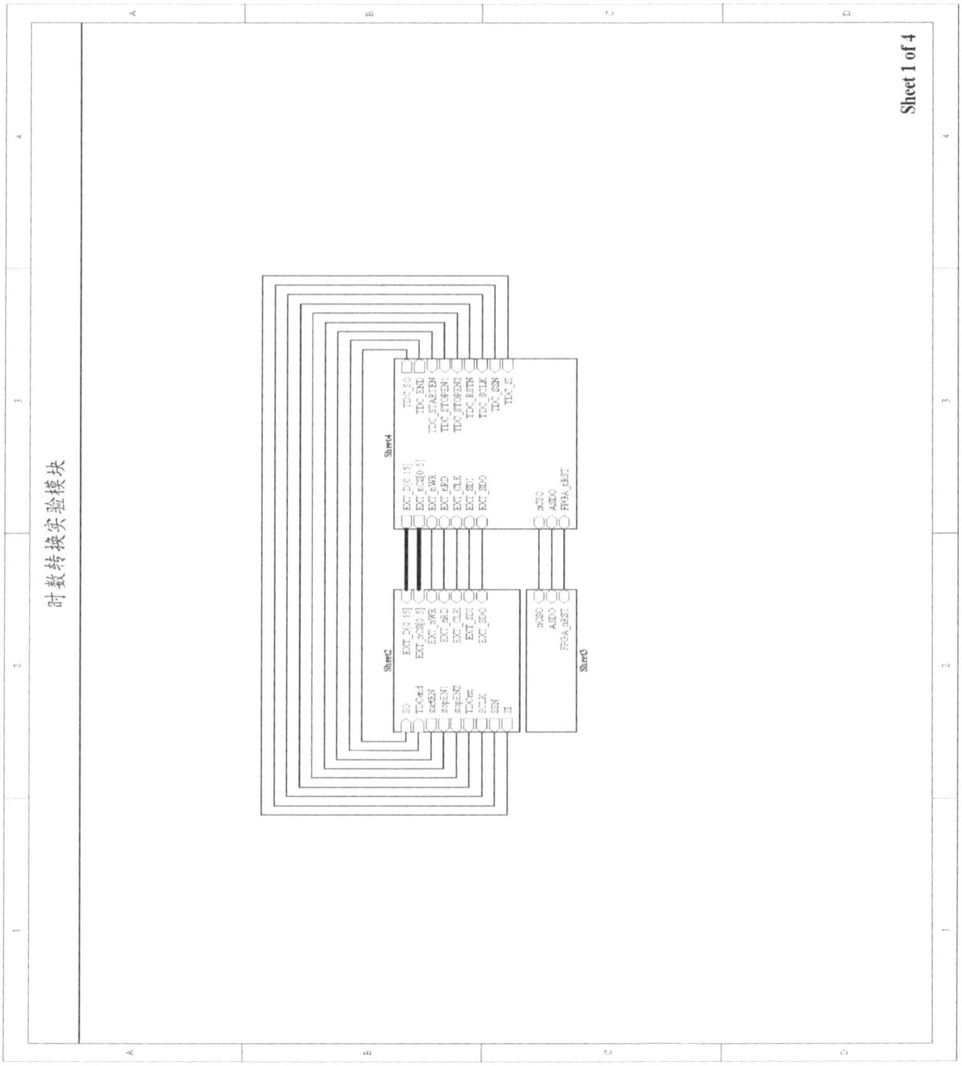

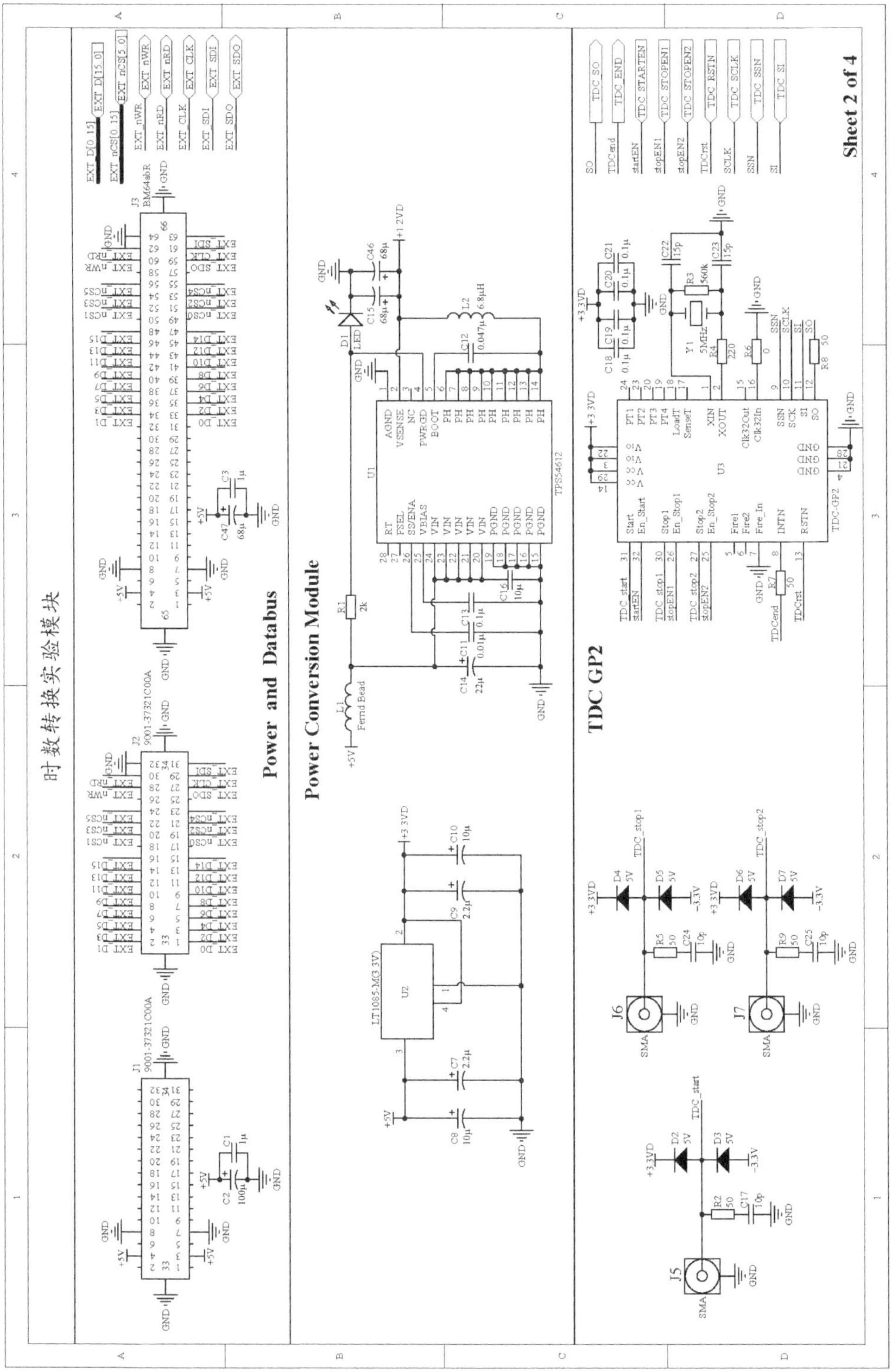
时数转换实验模块
Power and Databus
Power Conversion Module
TDC GP2
Sheet 2 of 4

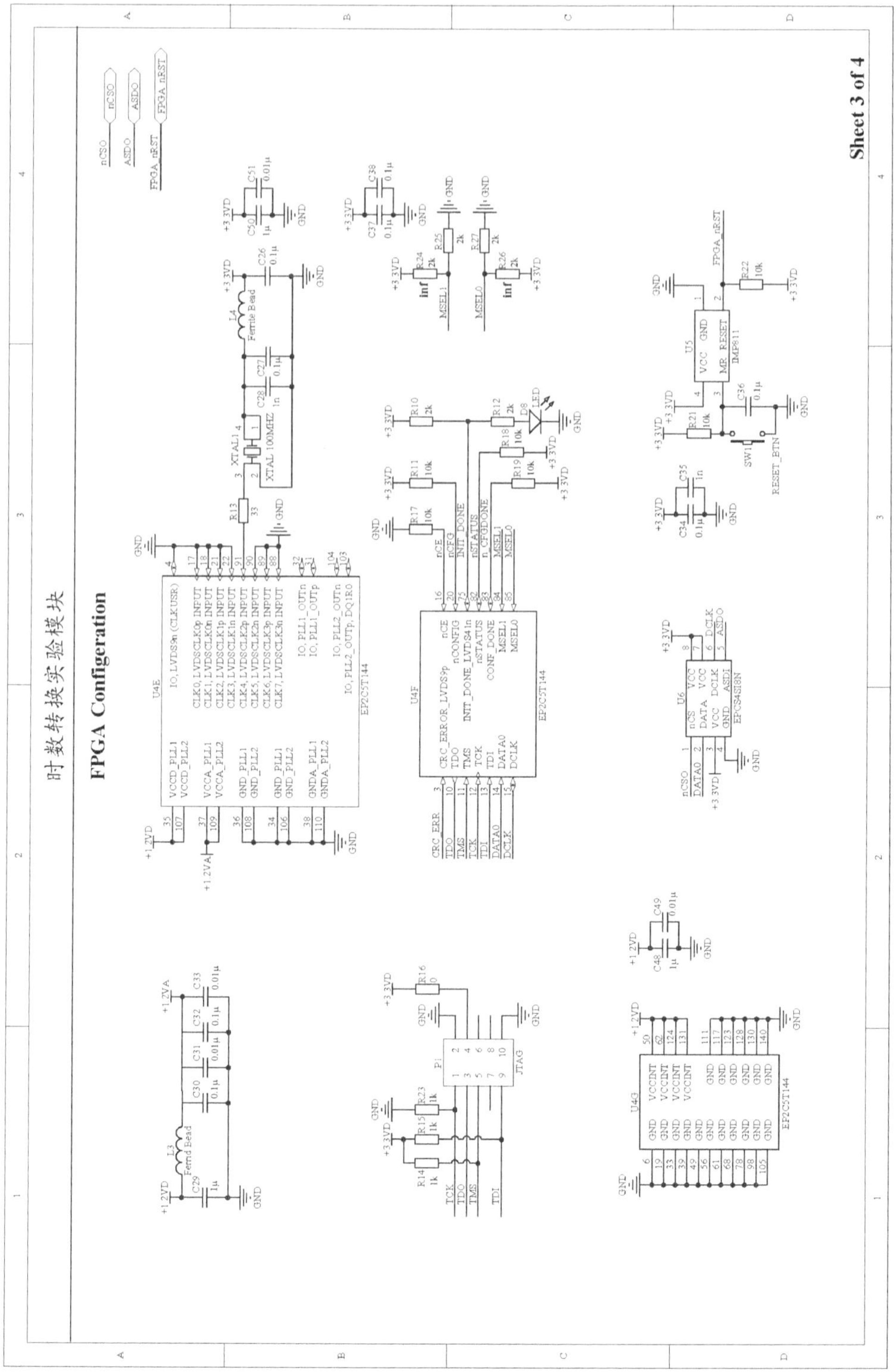
时数转换实验模块
FPGA Configeration
Sheet 3 of 4

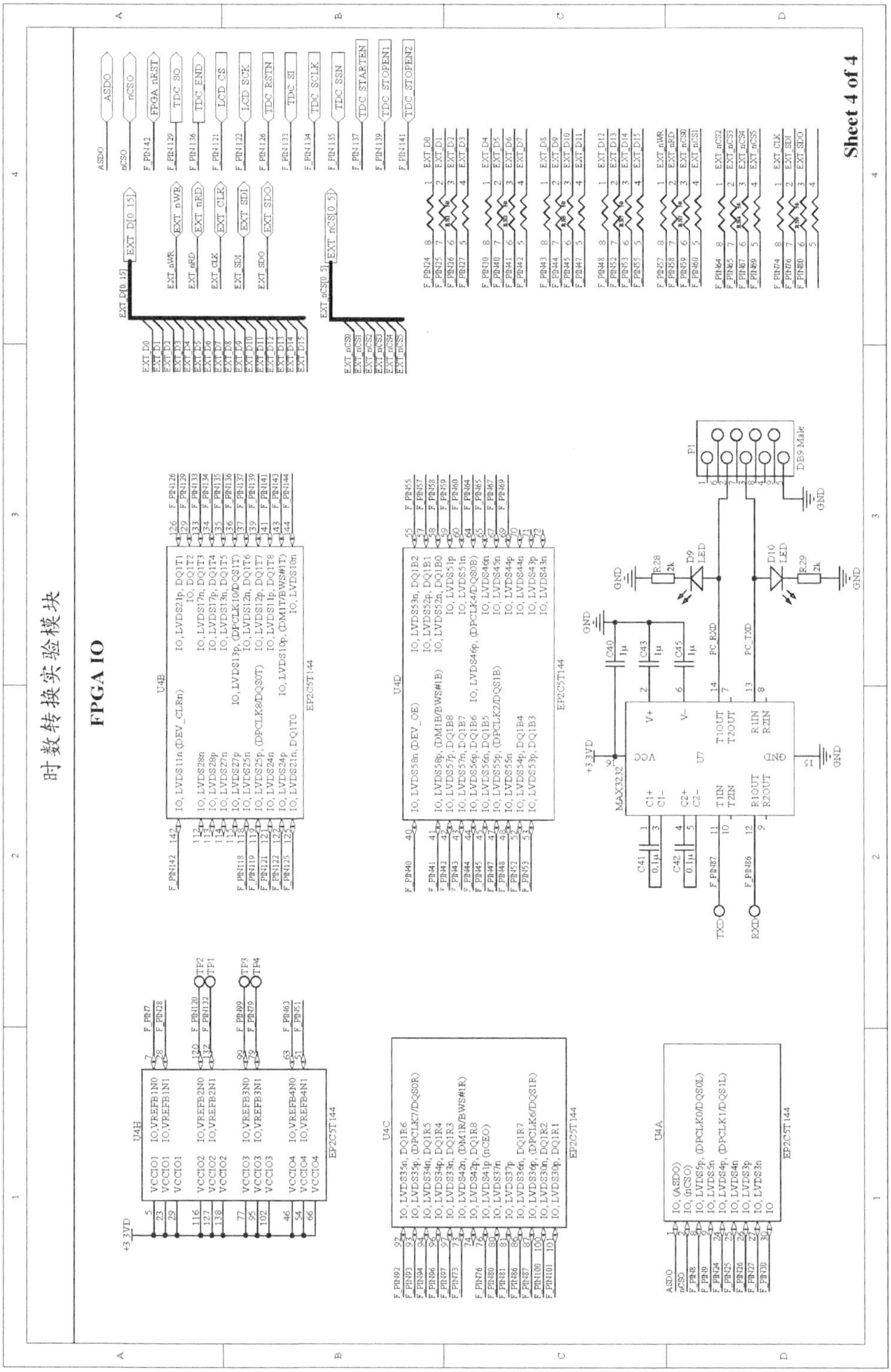
时数转换实验模块
FPGA IO
Sheet 4 of 4

附录十六

定标器实验模块原理图

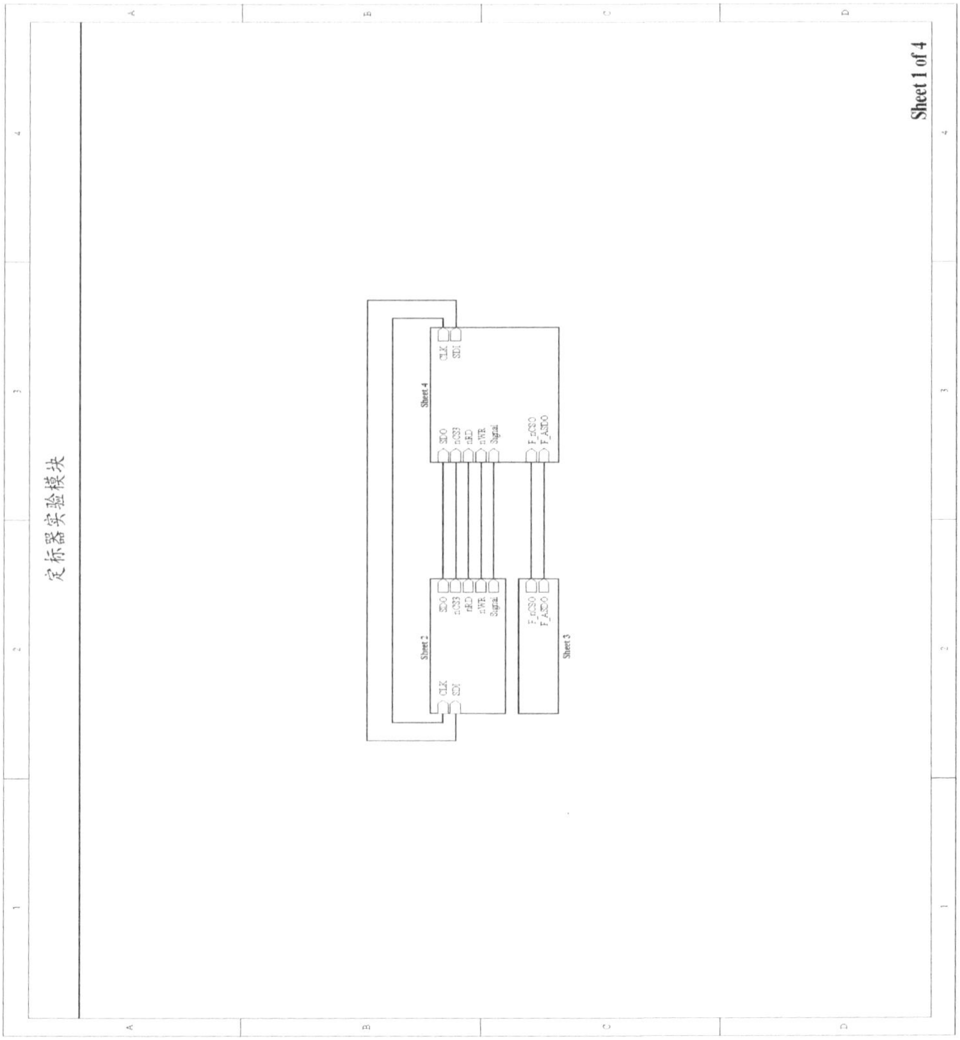

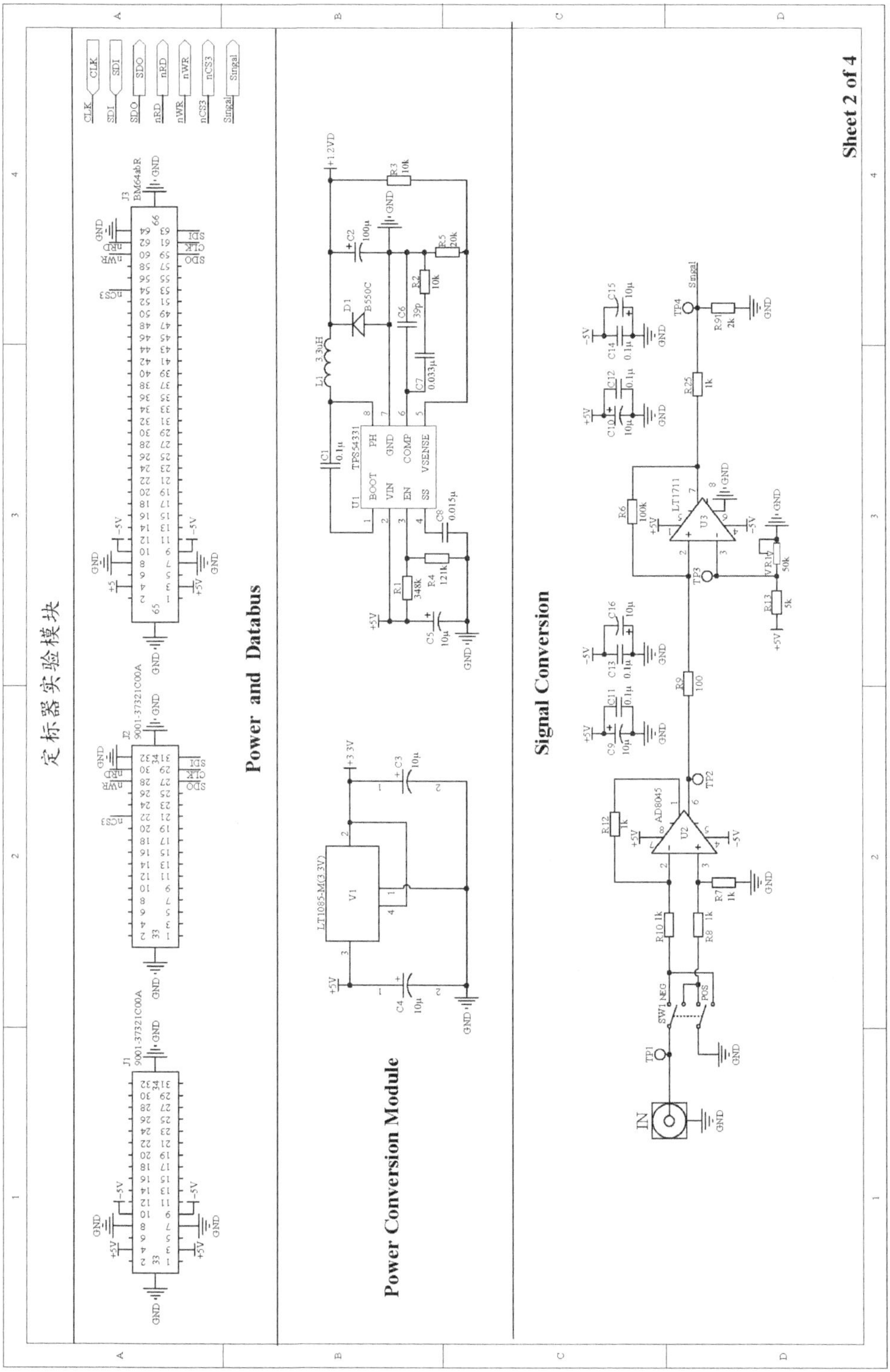
定标器实验模块
Power and Databus
Power Conversion Module
Signal Conversion
Sheet 2 of 4

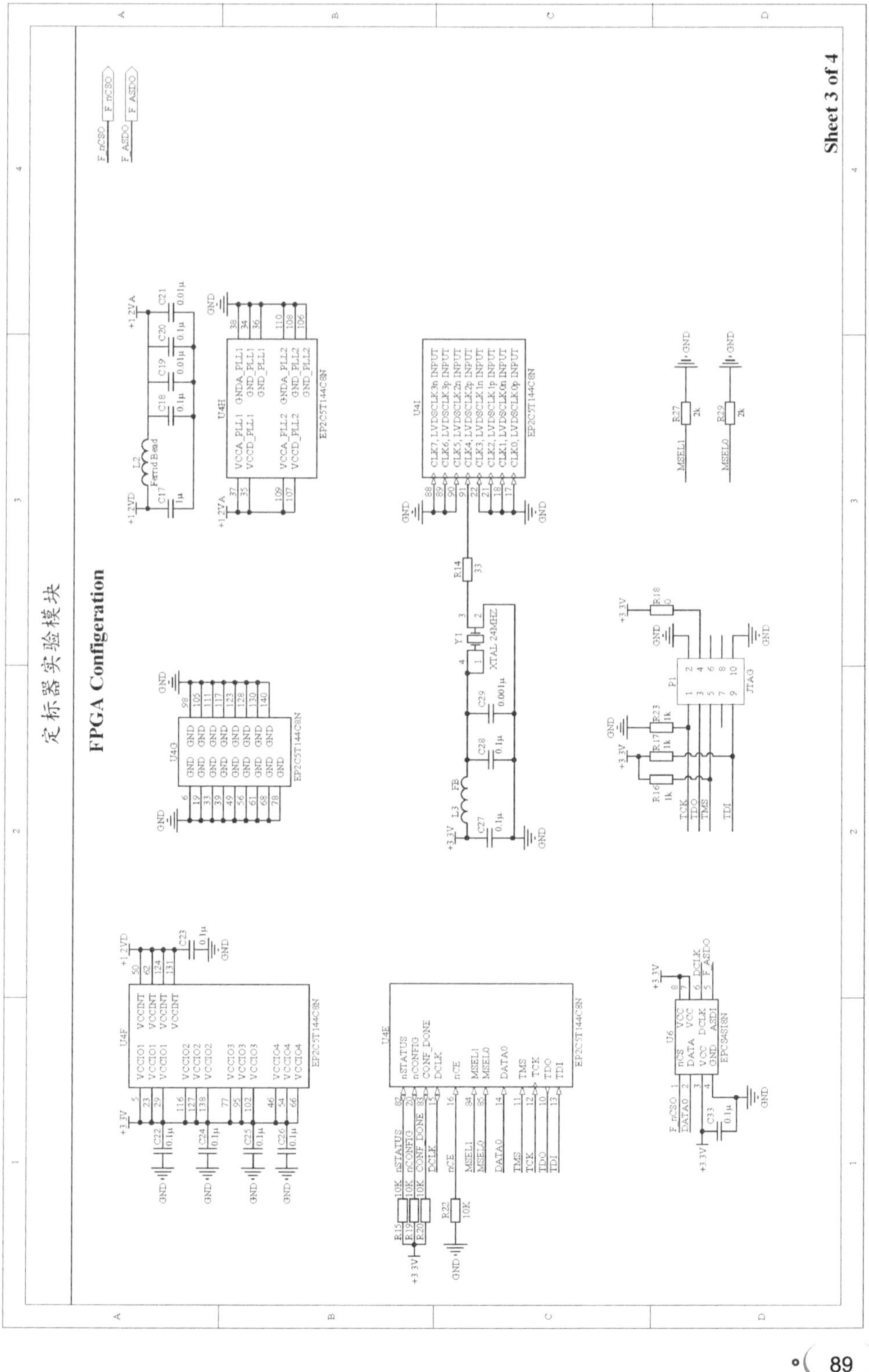
定标器实验模块
FPGA Configeration
Sheet 3 of 4

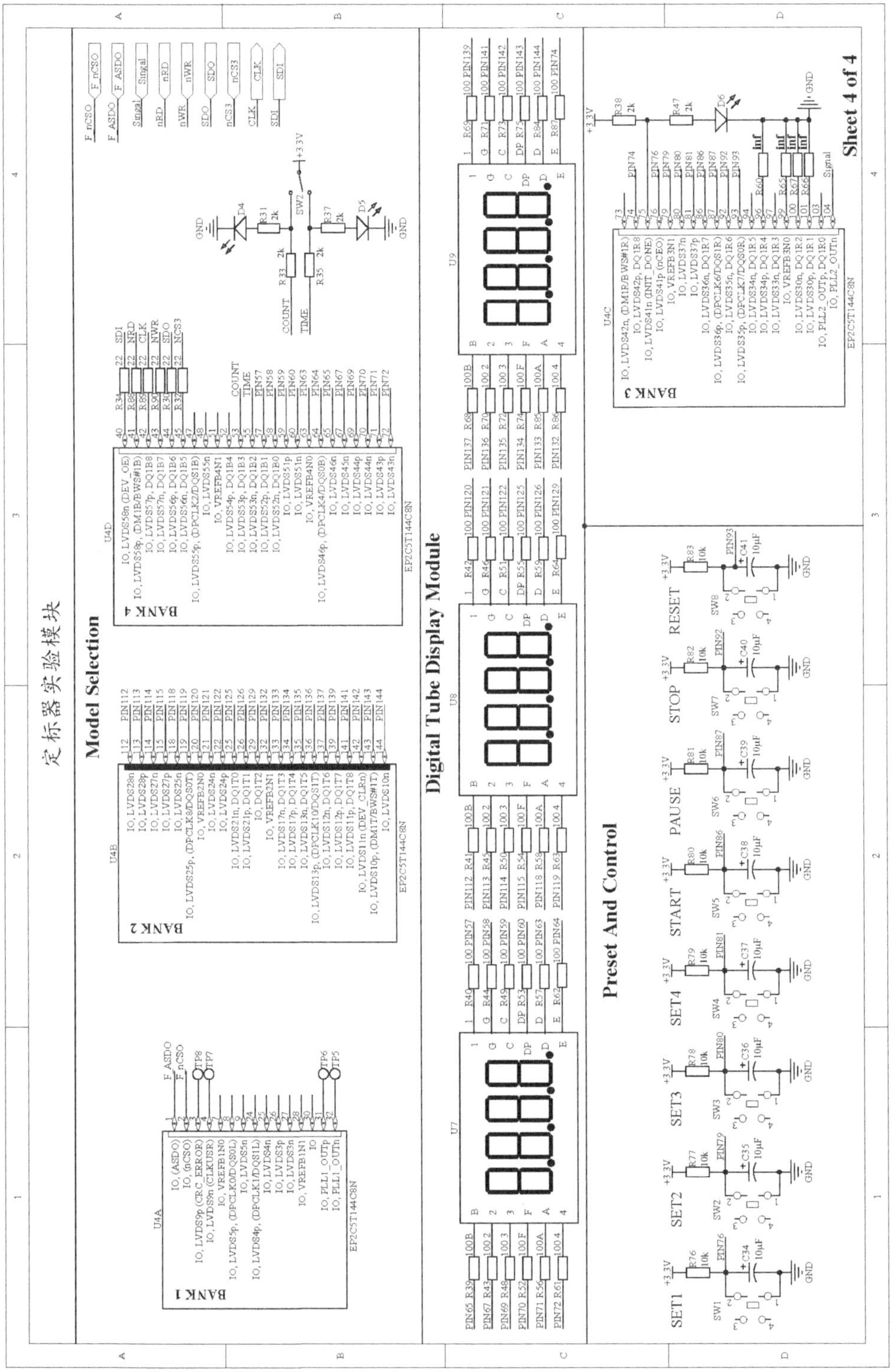

定标器实验模块
Model Selection
Digital Tube Display Module
Preset And Control
Sheet 4 of 4
BANK 1
BANK 2
BANK 3
BANK 4
EP2C5T144C8N
SET1
SET2
SET3
SET4
START
PAUSE
STOP
RESET

附录十七

符合反符合实验模块原理图

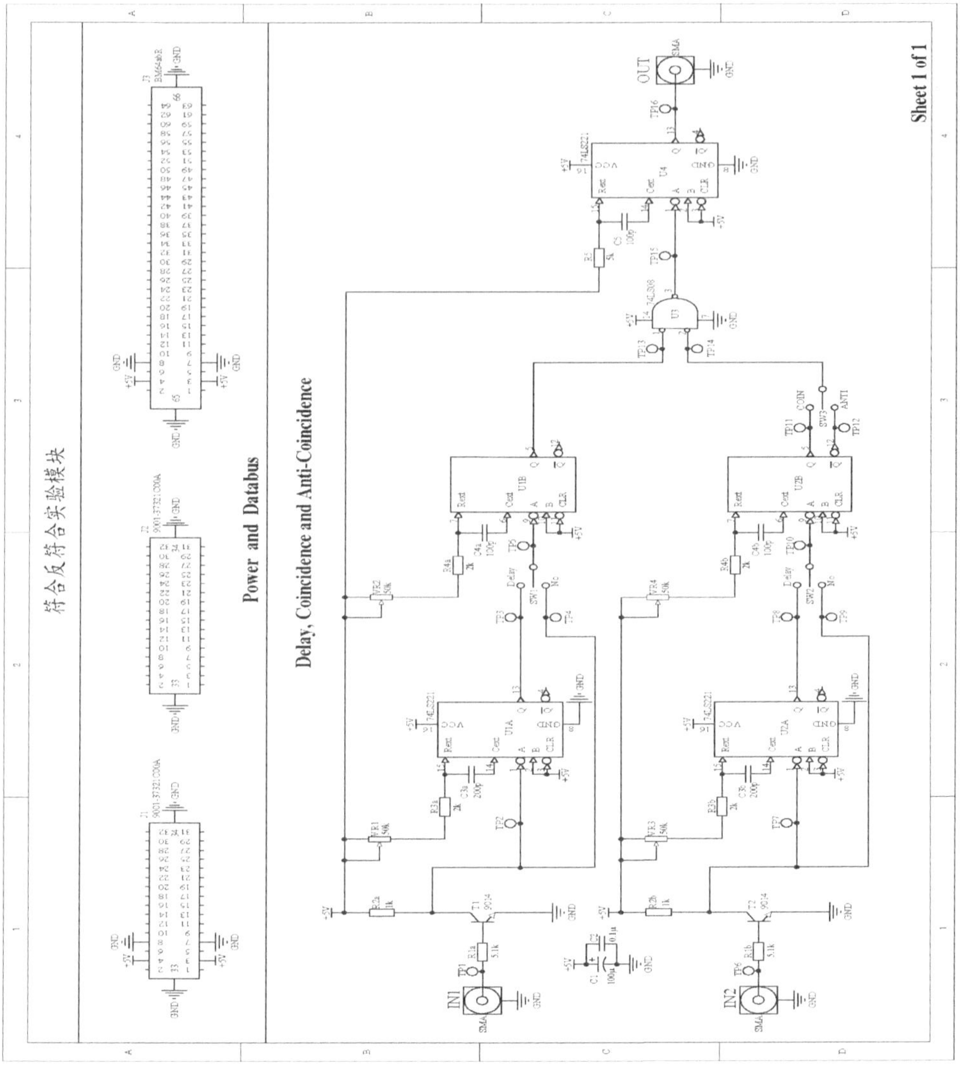

附录十八

堆积判弃实验模块原理图

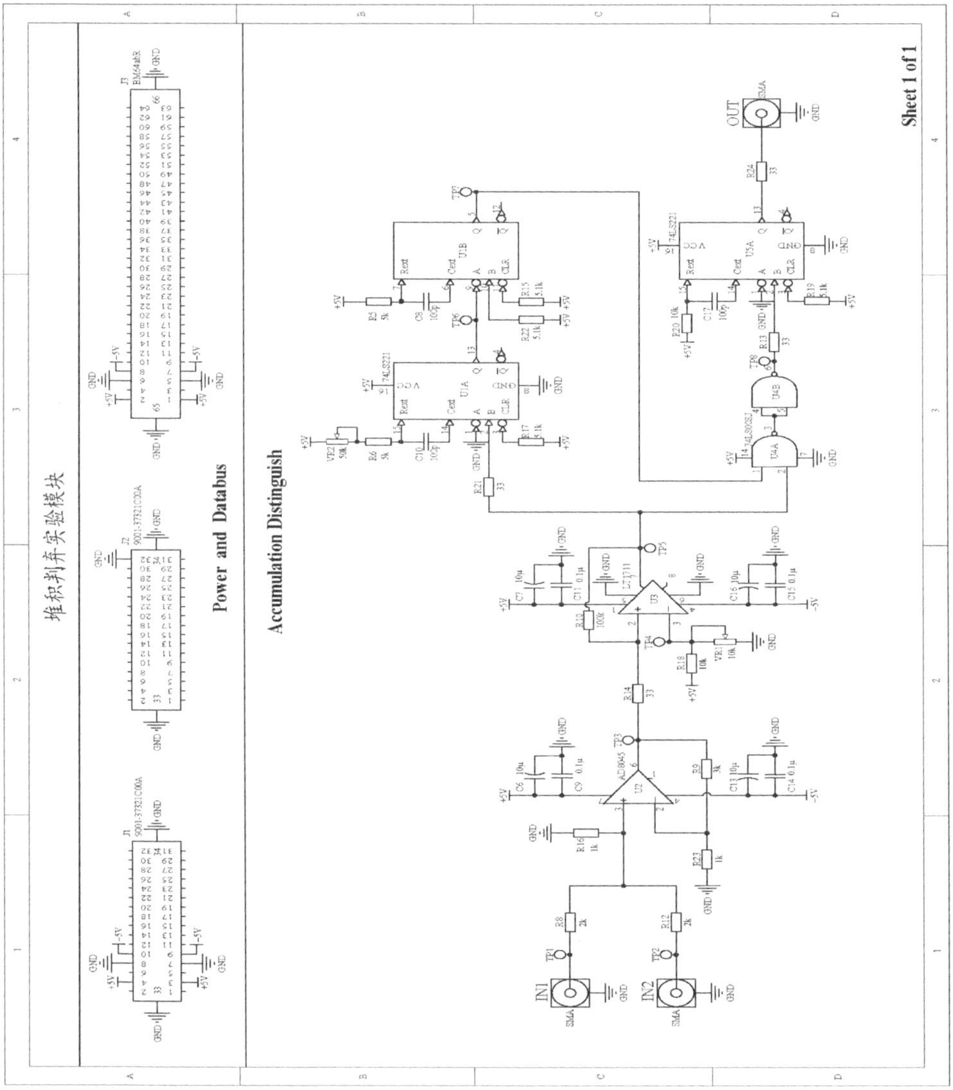

附录十九

数据传输实验模块原理图

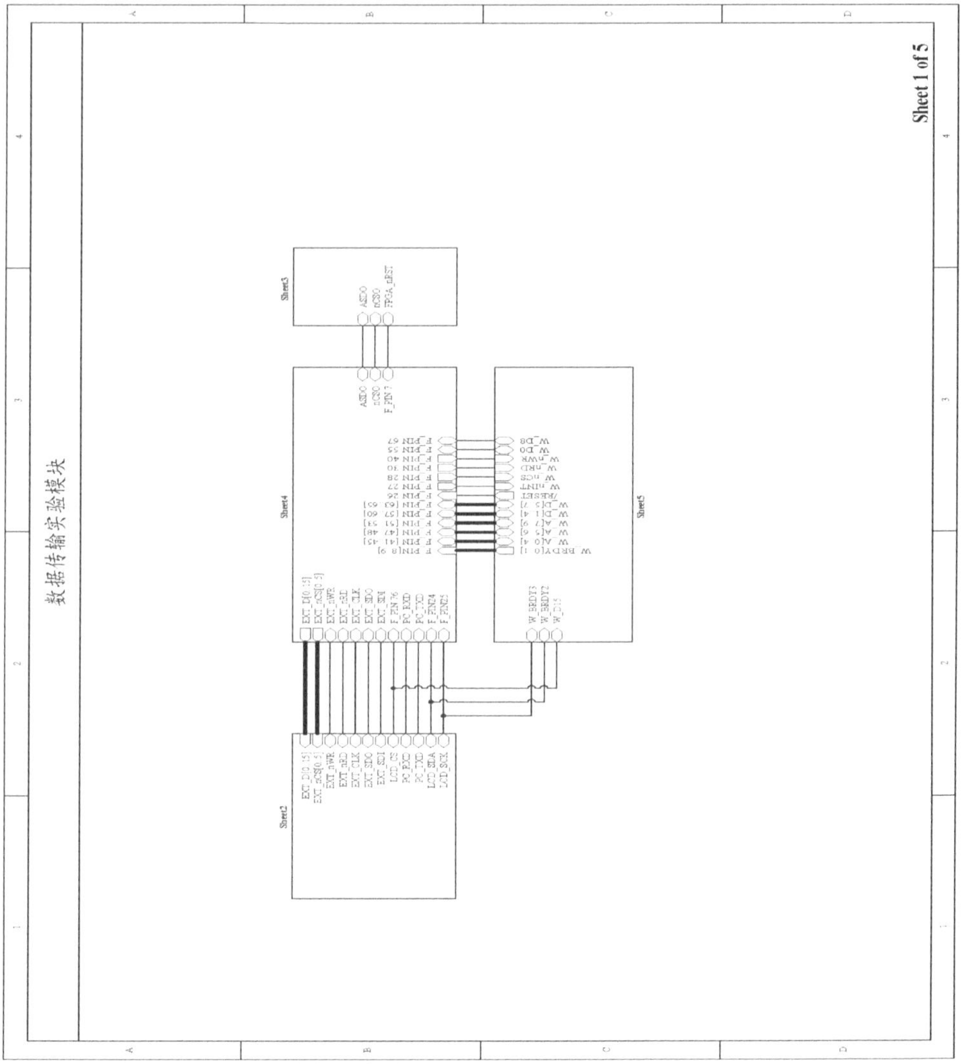

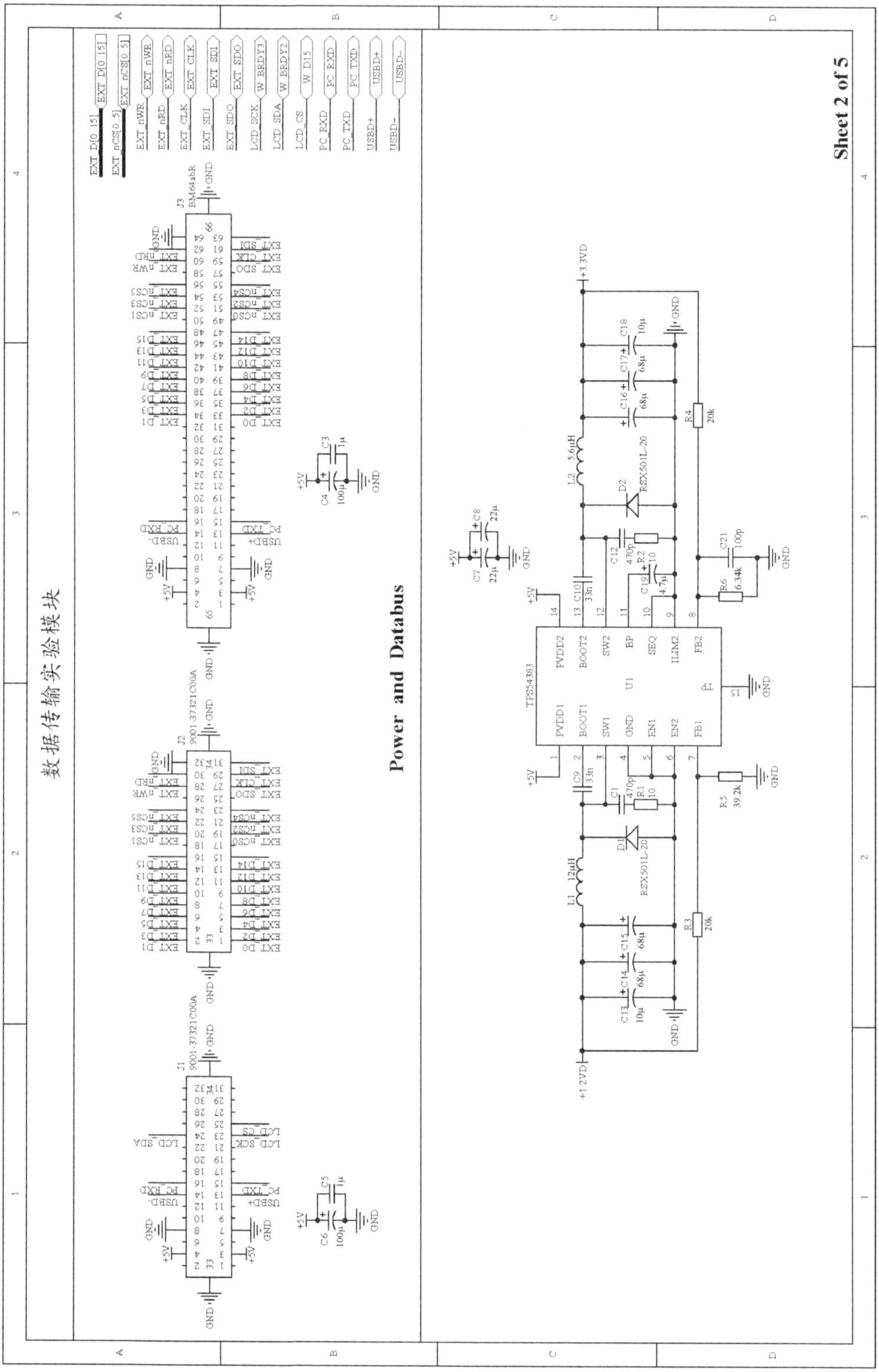
数据传输实验模块
Power and Databus
Sheet 2 of 5
TPS54383
U1
J1
J2
J3
9001-37321C00A
BM64abR
RSX501L-20
+3.3VD
+1.2VD
+5V
GND

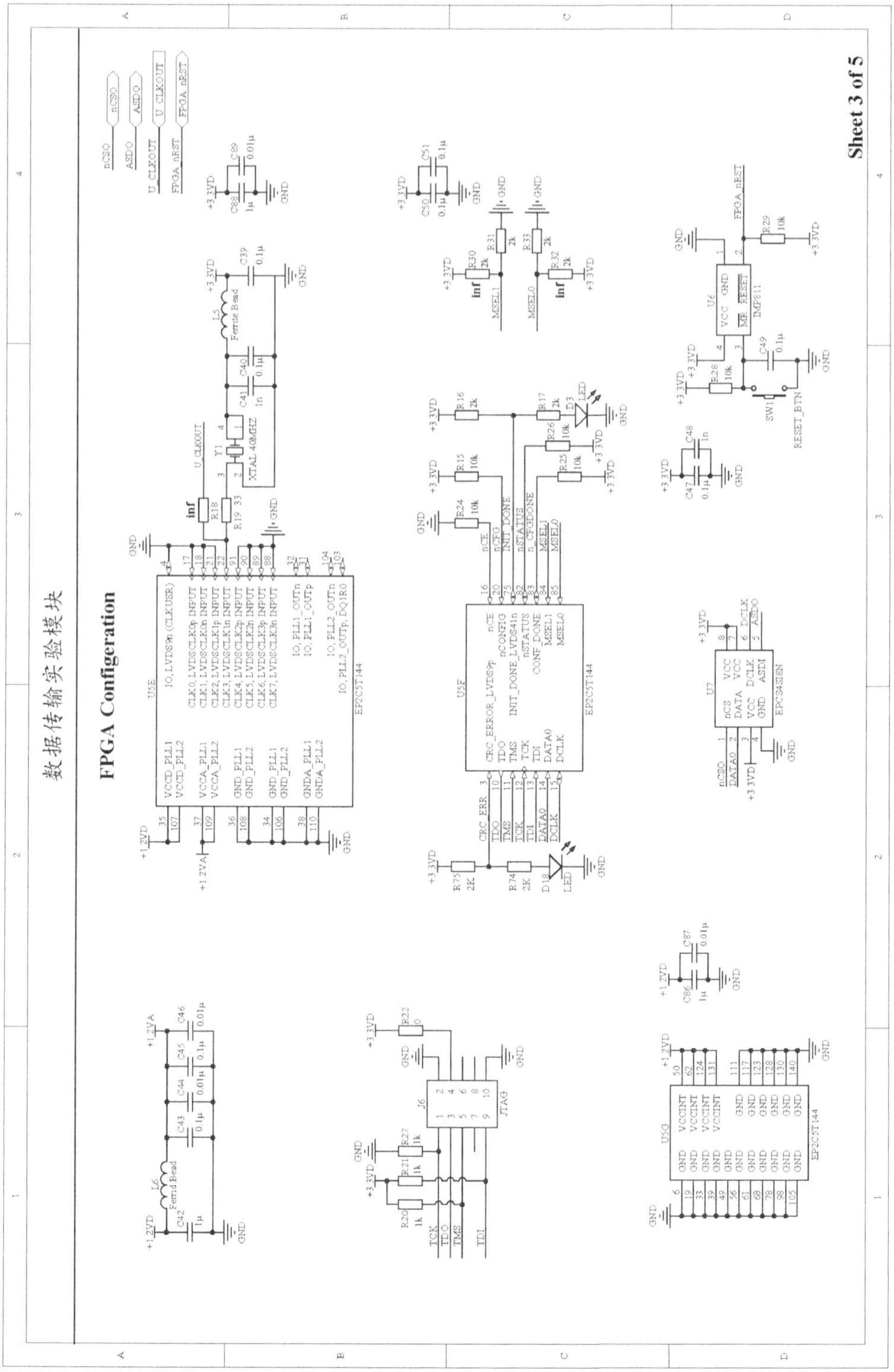
数据传输实验模块
FPGA Configeration
Sheet 3 of 5

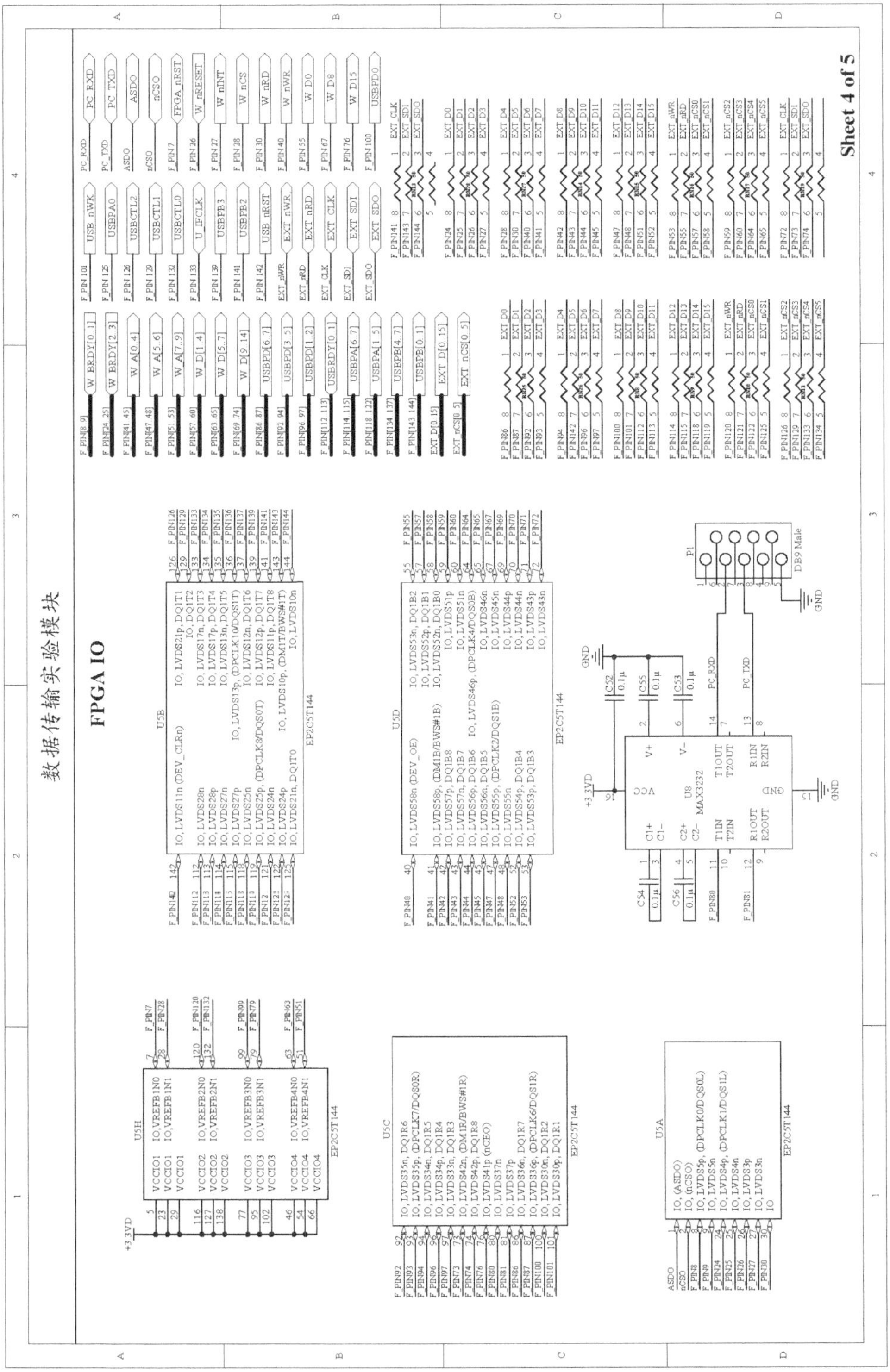
数据传输实验模块
FPGA IO
Sheet 4 of 5
MAX3232
DB9 Male
EP2C5T144

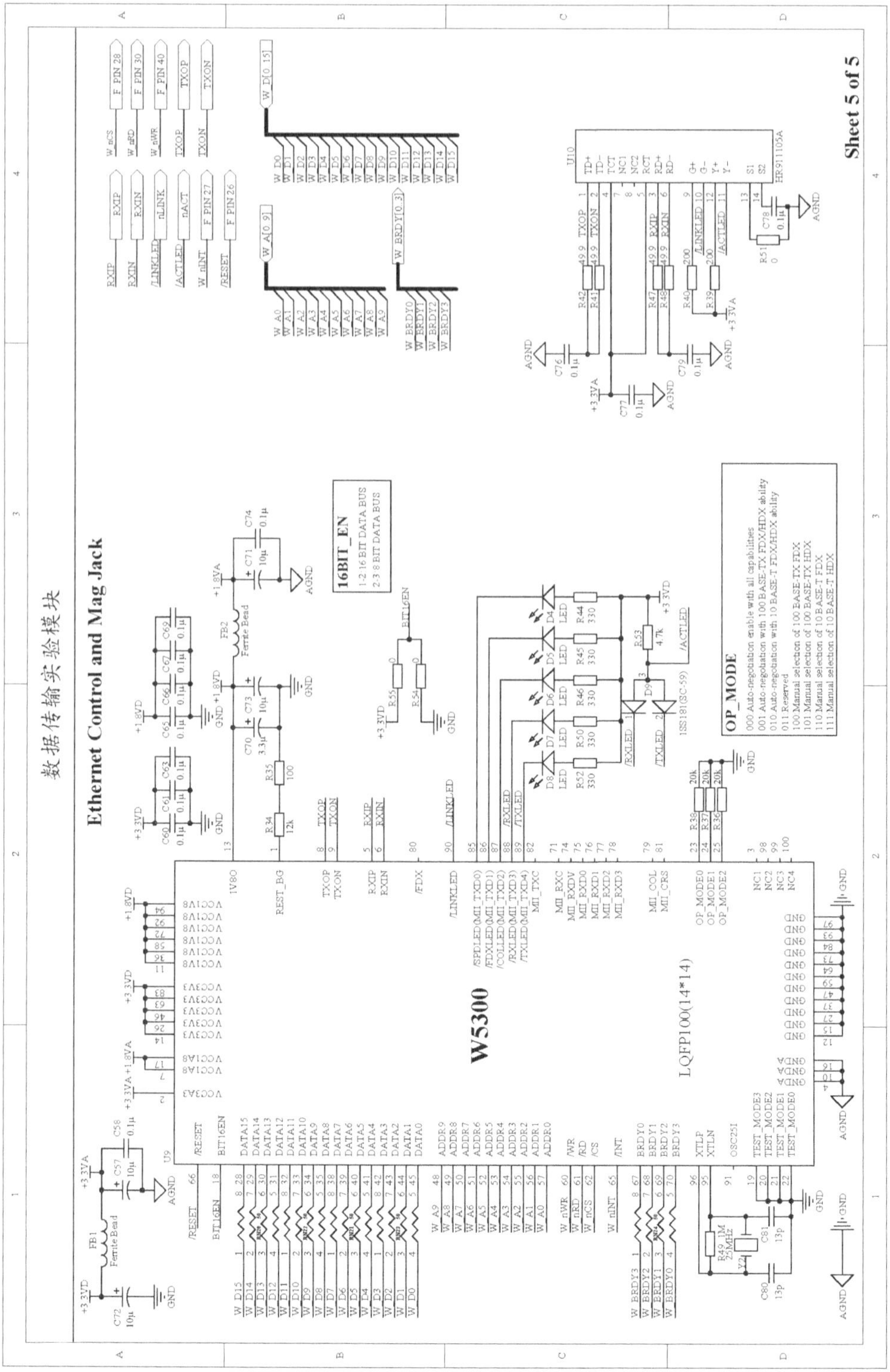
数据传输实验模块
Ethernet Control and Mag Jack
W5300
LQFP100(14*14)
16BIT_EN
1-2 16 BIT DATA BUS
2-3 8 BIT DATA BUS
OP_MODE
000 Auto-negotiation enable with all capabilities
001 Auto-negotiation with 100 BASE-TX FDX/HDX ability
010 Auto-negotiation with 10 BASE-T FDX/HDX ability
011 Reserved
100 Manual selection of 100 BASE-TX FDX
101 Manual selection of 100 BASE-TX HDX
110 Manual selection of 10 BASE-T FDX
111 Manual selection of 10 BASE-T HDX
Sheet 5 of 5

附录二十

常用符号中英文对照表

英文缩写	英文全称	中文名称
ADC	analog-digital converter	模数转换器
DAC	digital-analog converter	数模转换器
FPGA	field programmable gate array	现场可编程门阵列
HV	high voltage	高压
LED	light emitting diode	发光二极管
PC	personalcomputer	个人计算机
Pr-AMP	preamplifier	前置放大器
TDC	time-digital converter	时数转换器